JN238221

算数・小学校高学年用

地頭力も合格力も鍛える
最強ドリル

図形

一目で解き方がわかるようになる

栗田哲也

Discover
ディスカヴァー

本書の使い方

1．本書の意図（おうちの方や指導者の方は、ぜひ読んでください）
　本書は、「図形分野」の初期の段階で学ぶ人のためにつくられた本です。
　定義を学んでドリルで確認したり、体系的・網羅的に一歩一歩階段を上っていく従来の問題集や参考書とは目的が大幅に異なるので、その点を次に説明しておきます。

　何を学ぶにせよ、はじめの段階はルールを覚え、そのルールを簡単なものにあてはめて納得します。次に、応用力を養成する段階に進むわけです。
　ここで、図形を学ぶうえで必要な能力を考えてみましょう。
　①定義や公式を覚えて理解する。公式を適用して作業する
　②複雑な図形の中に自分の知っている基礎的な図形をさっと見つけ出したり、対称性を発見したりする（つまり図形の成り立ちをさっと見抜く）**認識力・洞察力**を身につける
　③抽象的な思考で、図形を論理的に分析していく
という３つの能力に分けることができます。

　①の「作業する力」は努力と訓練によって得られ、③の「論理的な能力」はある程度、学年が進んで中学生くらいになってから、①と②の能力を前提として形成されるものです。
　②の力は、個人差がものすごく大きいものです。図形ができる子どもほど、②の認識能力が大変に発達しています。認識能力が発達した子どもは、構造全体の把握（これが抽象的な認識能力の発達につながる）に強いので、作業が速いばかりでなく、③の論理的な分析にもスムーズにつながっていきます。

　比較をすれば、できる子どもは図形を見るとさっとその全体の成り立ちを見抜き、たちどころに答えを出してしまう。それに対して図形の苦手な子どもは、部分にこだわって全体が見えず、細かな書き込みで問題をぐしゃぐしゃにしてそれでも答えを出せない。
　こうしたことが頻繁に起こるのです。

そこで本書は、②の「認識力・洞察力」を身につけることに的をしぼって、図形の成り立ちを見抜く力、認識する力に焦点を当てています。
　その力を育てるために、次のようなさまざまな工夫をしています。

2．本書の構成と使用法

　本書は30の章からなります。各章について、左ページには6つの問題、右ページにはポイントのまとめとヒントを入れています。解答は別冊にしてあります。

　問題は、ほとんどの図形がシンプルなものですが、印象に残りやすいもので、かつ典型的な考え方や認識方法を含むものばかりを精選しています。つまり、問題の構造が抽象的な形で頭の中に残りやすいような味つけの問題をたくさんこなして、認識力・洞察力を向上させてもらいたいという意図によるものです。

　次に、使用方法について。
　まず最初は、右ページのポイントを見ないで解いてみてください。解いたあと、あるいは解けなかったら、ポイントを見てもかまいません。
　それから別冊の解答を見ます。そして、自分の頭の中でその解答を復元できるまでくり返してみてください。
　そしてだいじなのは、1回目に解くときは、あれこれじっくり考えたり、時には図形をノートに写してそのノートに書き込みをしたりしてもかまいませんが、**2回目以降は必ず「頭の中だけで」（紙とえんぴつを使わずに）問題を解いてください。**

　本書は、頭の中で問題の骨組みを見抜く力をつける（認識力や洞察力をつける）ことを目的につくられた本です。いつまでも紙に書き込みをして解いていたのでは、そうした力は発達しません。
　だから、本書を効果的に利用するためには、必ず
　①2回目以降は、紙とえんぴつを使わないで解く
　②2回目以降は、ポイントを意識しながらすばやく解き、何度も繰り返す
という約束を守りましょう。いわば、本書は「**図形分野の暗算練習**」なのです。

はじめは、紙とえんぴつで解くことに慣れている人には苦しいかもしれませんが、慣れてくると驚くほどすいすい解けるようになり、問題を解くことが快感になります。このレベルまで持っていくことが、この本の目標です。

３．本書が対象とする利用者
　本書は、図形の問題に強くなりたい人が対象であることはもちろんですが、その中でも特に、
・図形の問題にいまひとつ自信がなく、計算分野に比べて苦手だ
・補助線を引くことが苦手で応用力がないといわれる
・基本的な公式まではわかるが、その後もっと力を上げるために何をしてよいのかわからない
・解き方を教えてもらえばわかるが、なかなか自力で問題が解けない
というような悩みを持つ人に最適です。
　ただし、公式や基本事項を系統だてて解説した本ではないので、ひととおり基本を理解したうえで使ってください。

　本書の内容は、小学校５年生からのカリキュラムに対応していますが、現実的には、
①**難関中学を受験する小学生**が、小学校４、５年生くらいで図形の応用力をつけるための**基礎的な問題集**として
②標準的な中学校を受験したり、教科書レベルよりは難しいことを学習したい**小学校５、６年生**が、将来のことを考えて図形の基礎的な**認識能力を身につけておきたいという場合のテキスト**として
③**図形分野があまり得意ではない中学生**が、短期間で集中的に中学校２年生までの**図形を復習する際の便利なテキスト**として
利用するのがよいと思います。

　本書を利用する際に前提となる予備的な知識については、項をあらためて次に書きます。

本書にとりかかる前に（1）記号の説明

　この本は、頭の中で（紙とえんぴつを使わずに）すばやく答えを出せるレベルに到達することを最終目標にしているので、問題文がなるべく少なくなるように（見るだけで問題の意味がわかるように）、図の中でいろいろな記号を使って問題文の分量を節約してあります。

　ですから、その記号の意味を知らないと、問題がわからなくなることがあるでしょう。そこで、本書で図の中に用いられている記号の意味を説明しておきます。

① 等分点

　右図のように線分の上に書かれている黒丸印は、辺を同じ長さのいくつかの部分に分けていることを示します。

　図1では、辺が黒丸印の点で2等分されており、図2では3等分されています。

　図3では、辺 AB は2等分、辺 BC は3等分、辺 CA は4等分されているというように理解してください。

（これは本書特有の記号なので、他書ではそのような意味は原則的にはありません。以下、同様です。）

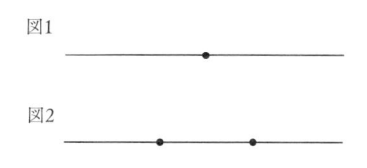

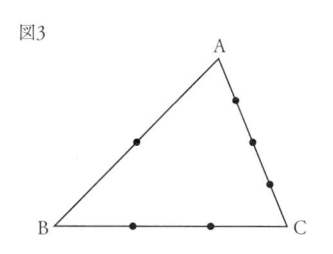

② 平行・垂直

　右図1で、矢印のような記号 ⇉ のついている2本の直線は平行であるという意味です。

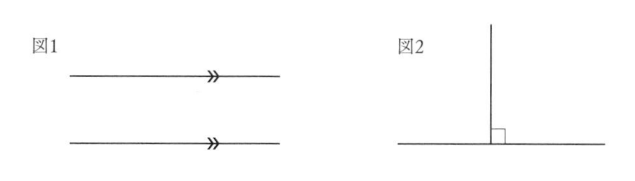

　また、図2の ⊥ は2本の直線が垂直に交わっているという意味です。

③ 長さ

　右のように書いてあったら、「AB の長さは 8cm である」という意味です。

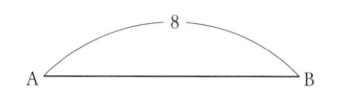

④ 線分比

このように書いてあったら、それは
「AE：EB の長さの比は3：4である」、
「BD：DC の長さの比は2：3である」
という意味で、実際の長さではなく比を
あらわしています。

○で書かれたものと、□で書かれたものの比の基準は異なります。

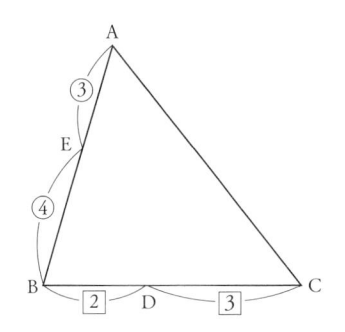

⑤ 面積・面積比

面積や面積比が図の中に書き込まれていることがあります。

その際は、その数字が書かれている最小の区画の面積を表します。

たとえば、右の図からは
「三角形 APD の面積は 8cm² であり、三角形 APB の面積と三角形 CPB の面積の比は、3：5 である」と読み取ってください。

○数字は比を、何もついていない数字は実際の面積を表すことは、長さのときと同じです。

⑥ 等しい角度

○印がついた角どうし、×印がついた角どうしは同じ大きさの角度です（右図参照）。

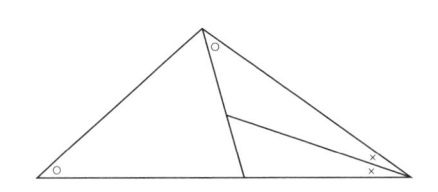

⑦ 等しい長さ

右図のように辺に同じ記号が打ってあるときは、長さが等しいという意味です。

右図では、AC = BC、AB = DB を表します。

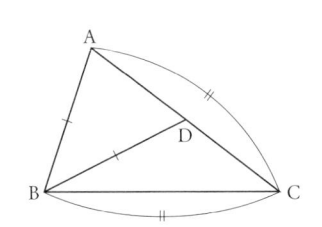

⑧　長方形と添え書き

　本書ではあまり複雑な図形は出てきませんので、右図のように長方形に見える図形が出てきたら、特に断り書きがなくとも、それを長方形とみなしてください。

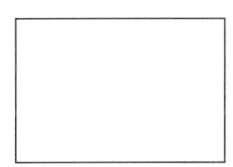

　また、「3つの正方形」「平行四辺形」というような添え書きがある場合には、図の中に明らかに正方形と見えるような図形が3つあったり、平行四辺形に見える図形がありますから、それらを正方形や平行四辺形として問題を解いてください。

⑨　マス目がたくさんある場合には、一番小さいマス目（正方形）の1辺の長さが1cmであるものとして解いてください。

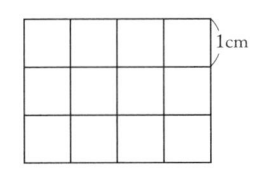

⑩　円周率は3.14として計算してください。

本書にとりかかる前に（2）前提となる知識

この問題集は、下記の知識があることを前提につくられています。

1．予備知識

本書では前提となっている予備知識はそれほど多くはありませんが、それでも次のような用語の意味や、知識、公式を知っていないと問題は解けないと思います。基礎的な予備知識を次に列挙しますので、ひとまず確かめてから問題にとりかかってください。

用語

三角形　正三角形　二等辺三角形　直角三角形　四角形　正方形
長方形　平行四辺形　ひし形　台形　円　半径　おうぎがた　半円
四分円　対角線　線分　直線　角度　平行　垂直　合同　相似
マス目　マス　点　周　面積　体積　cm　cm^2　cm^3　円柱　円すい
正六角形　（おうぎがたの）中心角

公式

長方形の面積 ＝ たて×横

正方形の面積 ＝ 一辺の長さ×一辺の長さ

平行四辺形の面積 ＝ 底辺×高さ

三角形の面積 ＝ 底辺×高さ÷2

円周の長さ ＝ 2×半径×3.14（円周率を3.14とする）

円の面積 ＝ 半径×半径×3.14

おうぎがたの面積 ＝ 円の面積×$\dfrac{中心角}{360°}$

円柱の体積 ＝ 底面の円の面積×高さ

円すいの体積 ＝ 底面の円の面積×高さ×$\dfrac{1}{3}$

台形の面積 ＝ （上底＋下底）×高さ÷2

三角形の内角の和 ＝ 180°

技能

問題 15 までは整数の四則演算（かっこのついた計算、分配の法則の理解も含む）

16 以降は、小学校 6 年生の教科書レベルの比の理解と、分数計算

2．対象学年
①小学校 4 年生以下の生徒で、算数に自信がある人。小学校 6 年生の教科書レベルまでの先取りがなされている人
②小学校 5 年生で、簡単な比や分数がわかる人
③小学校 6 年生以上の人（基礎を固めたい中学生を含む）

　目安としては、上記の人たちが対象です。中学受験を考えている人は、基礎的な技能訓練として使うことができます。
　ただし、中学受験だけに特化した問題集ではありませんし、後半ではかなり手ごわい問題も出てきますので、標準的な高校を受験する中学生にも最適です。

もくじ

本書の使い方……………2
本書に取りかかる前に……5
ウォーミングアップ………11

問題

❶ マス目の数を数える……………………………20
❷ 外側の周の長さは何cm？……………………22
❸ 引かれた線の長さは?…………………………24
❹ 規則的に並ぶ点の個数………………………26
❺ 長方形の面積の何分のいくつ?………………28
❻ 三角形の面積の何分のいくつ?………………30
❼ 正六角形の面積の何分のいくつ?……………32
❽ 面積を寄せ集める……………………………34
❾ 長方形の面積は?………………………………36
❿ 面積の移動……………………………………38
⓫ 分配法則の逆…………………………………40
⓬ 面積の足し引き………………………………42
⓭ 角度の移動①…………………………………44
⓮ 角度の移動②…………………………………46
⓯ 二等辺三角形の発見…………………………48
⓰ 角の2等分線が2つある形……………………50
⓱ 線分上の連比①………………………………52
⓲ 線分上の連比②………………………………54
⓳ 山型相似とメ型相似…………………………56
⓴ 平行線で比を移す……………………………58
㉑ 連比と補助線…………………………………60
㉒ 相似の発見①…………………………………62
㉓ 相似の発見②…………………………………64
㉔ 直角三角形と相似……………………………66
㉕ 特別な図形と対称性…………………………68
㉖ 線分比と面積比①……………………………70
㉗ 線分比と面積比②……………………………72
㉘ 線分比と面積比③……………………………74
㉙ 合同と移動……………………………………76
㉚ 30°、60°、45°をテーマとした問題……………78

解答 ──── 別冊

ウォーミングアップ

ウォーミングアップ

例題 1

次の図で、図形全体の面積を求めなさい。

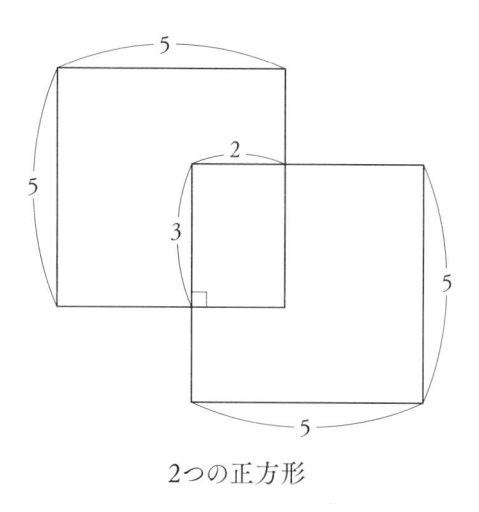

2つの正方形

例題 2

次の図 1、2 で引かれた線の長さをそれぞれ求めなさい。

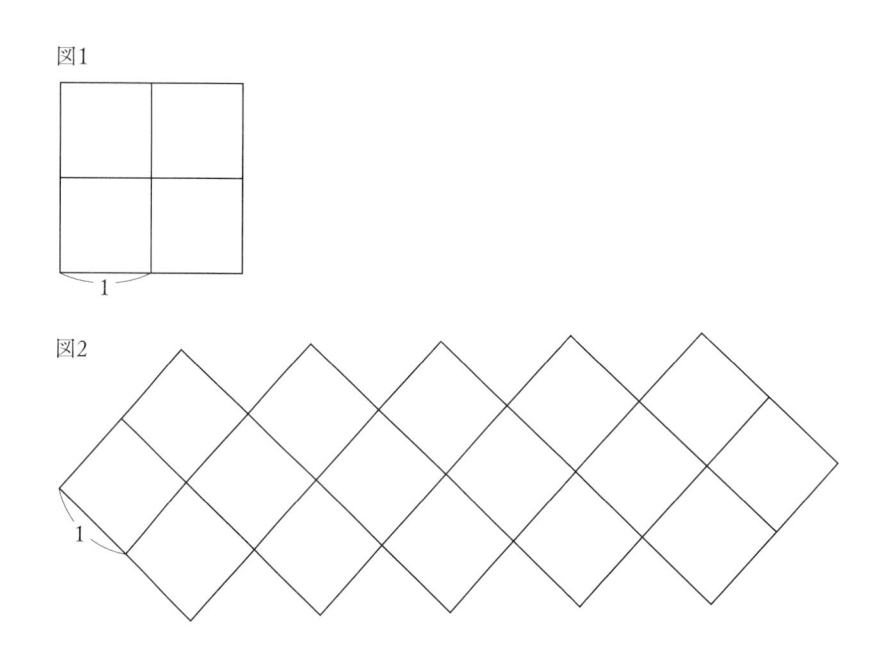

図1

図2

ポイント

①基本となる図形の足し引き

基本的には、簡単に求められる図形の面積は、正方形、長方形、三角形、台形、平行四辺形くらいしかありません。それよりも複雑な図形の面積は、これらの図形の足し算（くっついた形）や引き算（切り取った形）と考えます。この問題では、

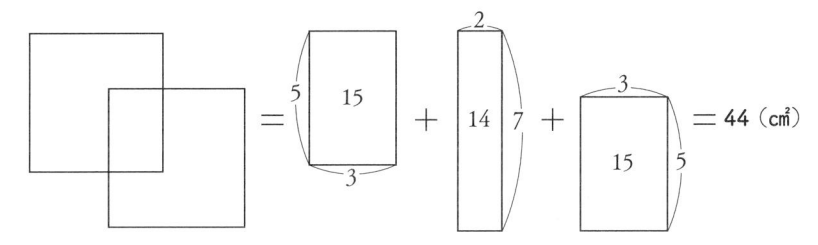

などとして考えるわけですが、もう1つよいやり方があります。

②単純に足してから重なりを引く

1辺5cmの正方形の面積を単純に2つ足してみましょう。すると、重なった部分（2つの辺の長さが2cmと3cmの長方形）だけは2回足されています。つまり、1個分よけいに足されています。このよけいな1個を引けば答えが出ます。

つまり、25＋25と足してから、2×3の6を引いて、**44㎠**と出せるわけです。

ポイント

①分類（図1のほう）

やみくもに数えてはたいへんです。このような問題では、引かれている線をたてと横に分類するのがよい方法なのです。

よく見ると、たては｜｜｜で、6cm。横は―――で、やはり6cmなので、答えは**12cm**です。

②繰り返しの形（図2のほう）

よく見ると、図1がもとになっています。

に　　4つを描き足したものが、求める図形です。

そこで答えは、12＋8×4で、**44cm**となります。同じ形の繰り返しということさえわかれば、簡単に解けるわけです。

例題 3

次の図で、色のついた部分の面積は何cm²ですか。

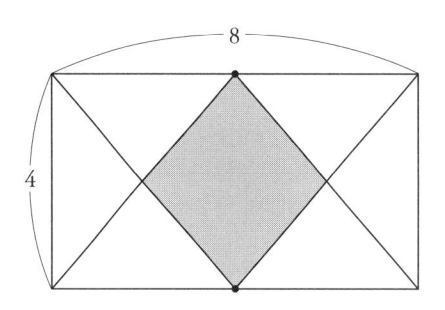

例題 4

次の図で、色のついた部分の面積は何cm²ですか。

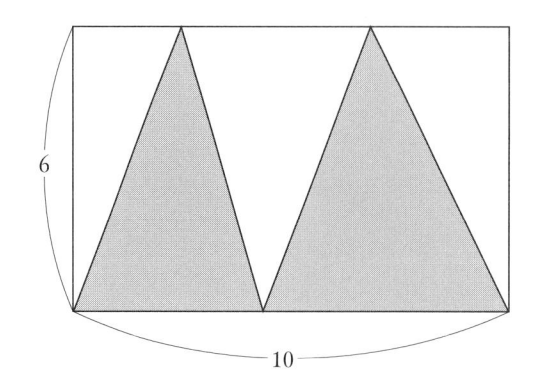

ポイント

◎図形の分割

　長方形を同じ面積の2つや4つに分割する方法は、折り紙の要領でよく覚えておくとよいでしょう。

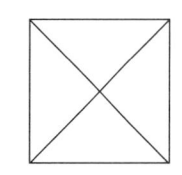

　右図のように、対角線2つで面積は4つの同じ部分に分かれるのです。

　このことをイメージしながら問題を見ると、右図の点線のような補助線を引けば、この図形は8つの同じ部分に分かれていることがわかりますね。

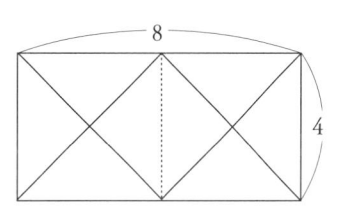

　全体は4×8で32㎠ですから、それを8つに分けた1個は、32÷8で4㎠。これが2個分なので、答えは**8㎠**です。

　このように、基本的な図形（長方形、三角形、正六角形）については、その分割の仕方をよく学んでおいたほうがよいのです。

ポイント

①分割

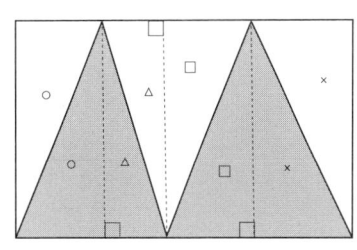

　右図のように分割すれば、色のついた部分は長方形のちょうど半分だとわかりますね。

　　答えは、6 × 10 ÷ 2 = **30㎠**

②式を使う

　右図（下のほう）のように、長さをアとイと考えると、

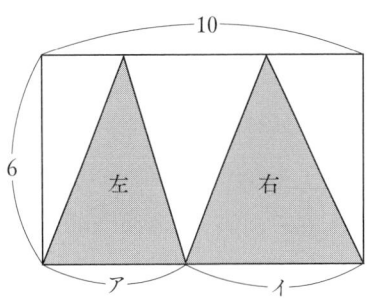

　　左の三角形＝ア×6÷2
　　右の三角形＝イ×6÷2

でこれを足すと、

　　ア×6÷2＋イ×6÷2
　　＝ア×3＋イ×3

です。

　これを3×（ア＋イ）と直すことができれば、よく見るとア＋イは10ですから、答えは**30㎠**と出ます。

　ほかにも本文中に出てくる「等積移動」という方法を使うこともできます。

1つの問題でも、いろいろな方法で理解することが大切なのです。

ウォーミングアップ

例題 5

次の図で、色のついた部分の角度を求めなさい。

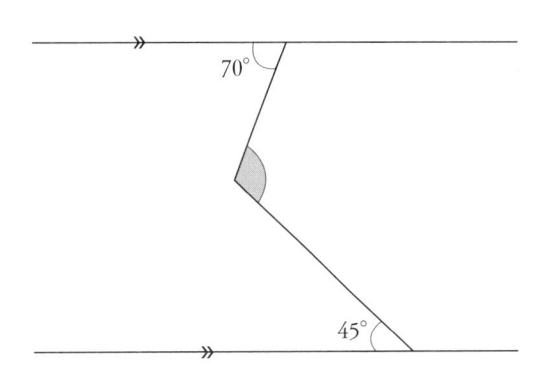

例題 6

次の図で、x の長さを求めなさい。

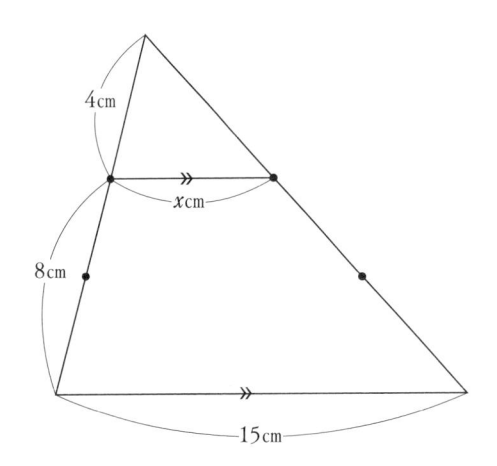

ポイント

◎**角度の基本（対頂角、錯角、同位角）をマスターし、
　それを利用することを考える** 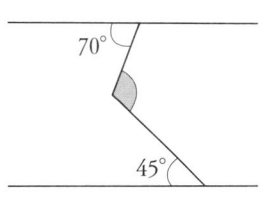
　平行線が描いてあるのですから、上の３つのうち
錯角か同位角を利用するのでしょう。
　ところが、このままではどちらも現れていません。
　そこで、補助線を引いてその形をつくることになります。
　このように、**基本的な図形がない場合には、その形を
つくるような補助線を引くことが大切**です。

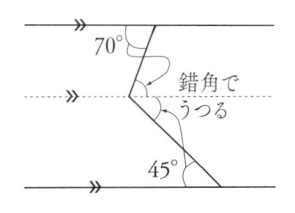

　右の図のように補助線を引くと、
錯角が２つできて、答えは
　　$70°＋45°＝$ **115°**　となります。

ポイント

◎**くらべるということ** 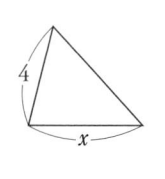 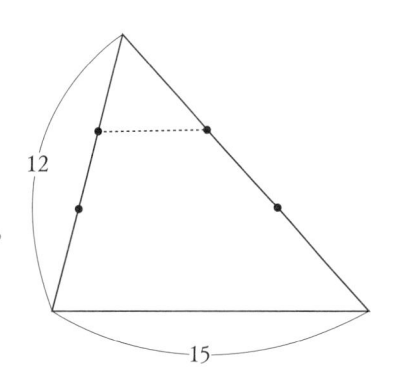
　よく見ると、この図に出てくる
２つの三角形は形が同じです。
　一方を拡大したものが、もう１つ
になっているのです。
　このような２つの三角形を「**相似**」といいます。
　左の辺をくらべると、小さいほうが４cm、大きいほうが12cmですから、３倍に拡大したことがわかります。
　そこで、x を３倍に拡大すると15cmになるのだということがわかりますね。
　答えは、$15÷3$ で **5cm** です。
　このように、図形の問題では、２つの図形をよく見くらべて、

　　　　形も大きさも同じ………合同
　　　　形だけが同じ……………相似
　　　　面積が同じ………………等積

などを見抜くことが大切です。
　どのような場合に合同なのか、どのような場合に相似なのか、というような判定方法は、このあとの問題で学んでください。

問 題

1 マス目の数を数える

（☞解答：別冊2ページ）

次のそれぞれの図で、マス目の数は何個ありますか。

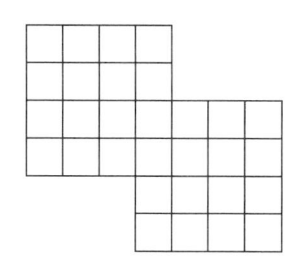

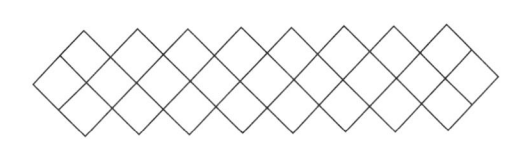

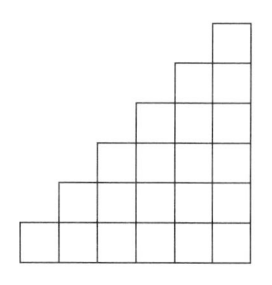

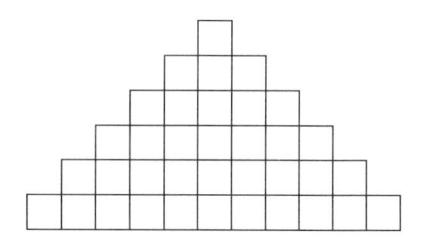

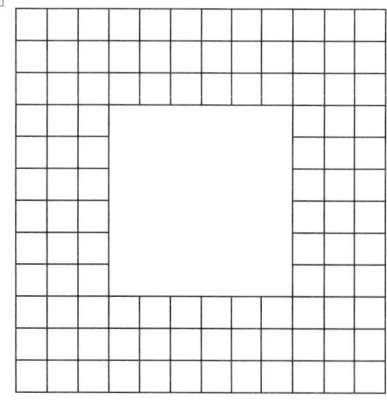

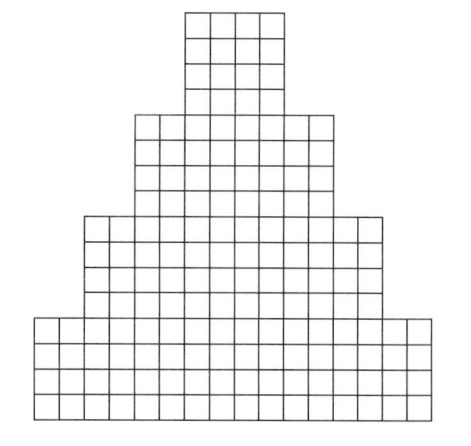

1

2

3

4

5

6

● ポイント

① 基本となる図形の足し引き

　たとえば、右の図形の面積を求めるには、長方形が基本となっているので、

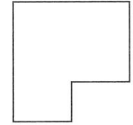

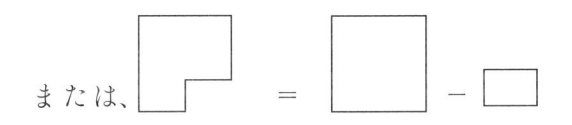

のように基本的な図形を足したり引いたりすることで求めます。

② 重なりの処理

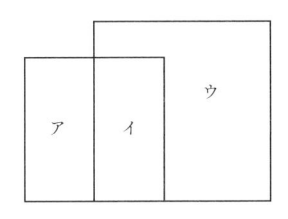

　上図は、正方形が2つ重なった図形です。
　この面積は「ア＋イ＋ウ」ですが、これは単純に正方形2つの面積を足してから、重なりを引くことで求めることができます。
　つまり、「ア＋イ」と「イ＋ウ」を足してから、イを1つ分引くわけです。

③ 逆向きにくっつける

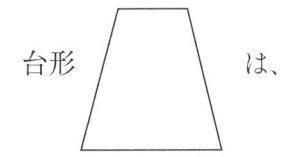

　台形　　　　　は、

これを逆向きに2つくっつけることで、基本的な図形である平行四辺形になります。

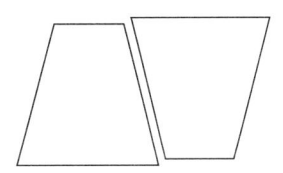

　よって、台形の面積は、平行四辺形の面積を出してから2で割ればいいわけです。
　これと同じような発想は、ほかにもいろいろとあります。

④ カタマリで見る

　左ページの6は基本的な図形がいくつかに分割されていて、それがいくつかまとまったものです。
　このように考えることができないと、うんざりするような計算に巻き込まれます。
　では、どのようなカタマリに分けられますか？

2 | 外側の周の長さは何 cm ？

（☞解答：別冊 3 ページ）

次のそれぞれの図で、一番外側の周の長さは何 cm ですか？
ただし、すべての図形はいくつかの正方形を重ねたものです。

1

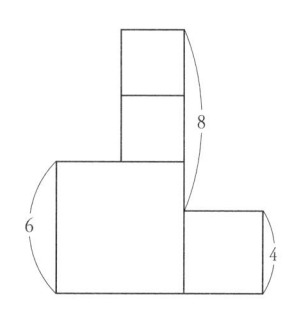

4 つの正方形

2

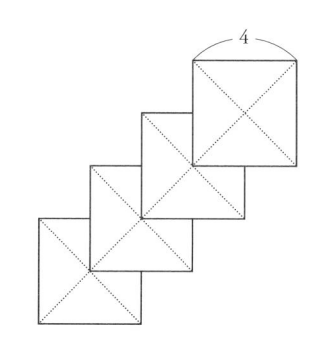

同じ大きさの 4 つの正方形

3

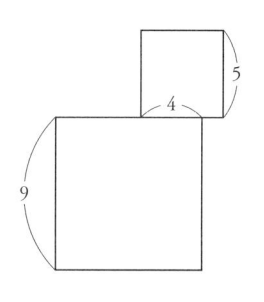

2 つの正方形

4

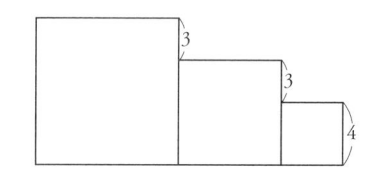

3 つの正方形

5

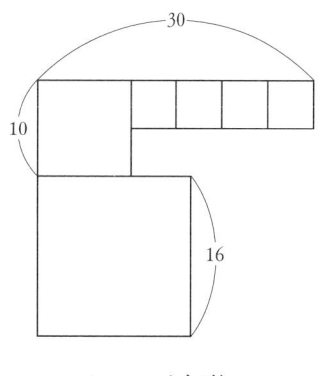

6 つの正方形

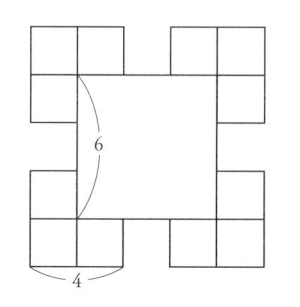

6

1 つの正方形と、同じ大きさの
12 個の正方形

● ポイント

⑤ 同じ周の長さを持った長方形に直す

図1　　　図2

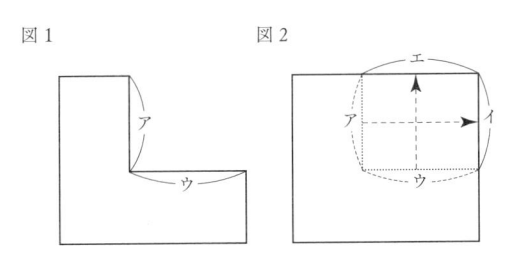

上図1のような場合、上図2のようにアをイに、ウをエに線をつけかえても、周の長さは変わりません。

⑥ 重なった部分を引く

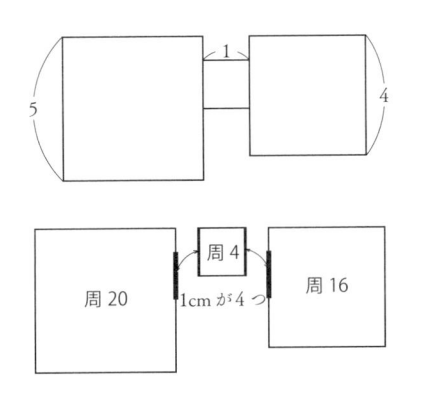

例で説明します。上図の図形の外周の長さを求めたいとします。

ただし、これは左から一辺の長さが5cm、1cm、4cmの正方形がくっついている図だとします。

このとき、もしも正方形3つがみなばらばらならば、周の長さは20cmと4cmと16cmで、あわせて40cmのはずです。

ところが、上図では太線の部分がくっついているので、その部分は周になりません。

そこで、1cm4つ分を引いて、40－4で、36cmが答えになるわけです。

⑦ へこんだ部分の処理

下図1の周の長さを、⑤のように図2のような長方形の周に移そうとすると、図2の太線2本分、短くなります。

図1　　　図2

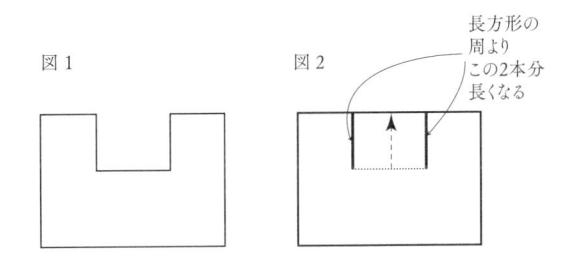

長方形の周よりこの2本分長くなる

このようにへこんだ部分があるときには単純に長方形の周に移せないので、へこみの処理が問題になります。

⑧ 規則性に注意

問題2のように、規則的に図形が配列されているときは、「正方形が1枚増えるごとに周の長さがどのくらい増えるか」というところに規則性（きまり）があります。

やみくもに数えるのではなく、図形の成り立ちを見抜いて、規則性を発見することも大切です。

3 | 引かれた線の長さは？

（☞解答：別冊4ページ）

次のそれぞれの図で、引かれた線（6は太線）の長さは、1マスの1辺の長さの何個分ですか？

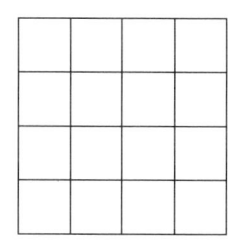

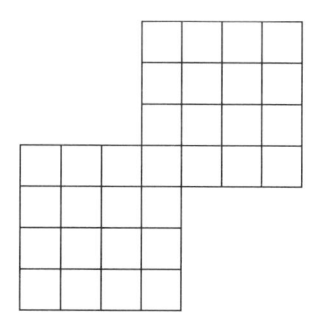

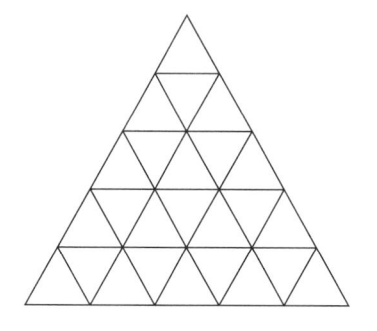

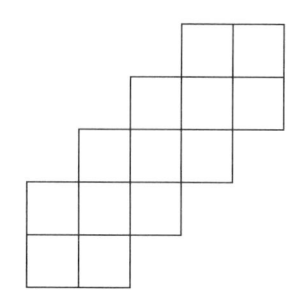

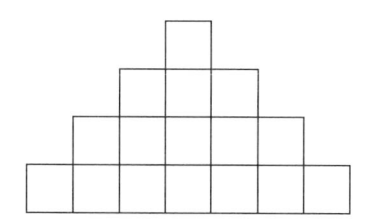

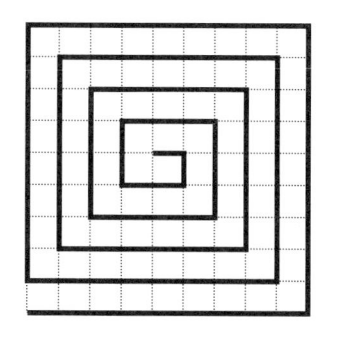

1

2

3

4

5

6

● ポイント

⑨ 分類する

　分類するという考え方は、数学でも1つの大切な基本になります。

　たとえば①の場合、まず線にはたて線と横線だけしかないことを見抜きます。そして、まずたて線だけの長さの和を求めます。

　次に、横線だけの長さの和を求めます。

　このように、線を2つの種類に分類したわけですが、これをしないでばらばらに求めようとすると大変です。

⑩ 重なりの処理

　②では、ポイント⑥のように重なりの処理が問題になります。基本的には、①の図形が2つあるわけですが、単純に足すと、重なった部分だけ多くなってしまいます。

　そこで、重なった部分がダブっているわけですから、そのダブリをなくすことになります。

⑪ 規則性への注目

　④～⑥では、図形の成り立ちから生まれる規則性にも注目してください。たとえば、④の図形は、1辺2マスの正方形が4つ重なった図形と見ることもできます。すると、4つではなくて5つ重なったらどうか、いや、数をもっと多くして10個重ねたらどうなるのか、といった興味が生まれてくるでしょう。

　⑥の図形では、中から数えていくと、1＋1＋2＋2＋3＋3＋……というような規則性が見つかります。

⑫ 対称性を生かす

　①で、たての長さの総和を出したら、実は横の長さの総和も同じなので、2倍すればよいのです。同じような解法が、③や④でも成り立ちます。

　このように、「同じ」に注目して、不必要な計算量を減らすことも大切です。

　③～⑥にはいろいろな解き方がありますので、工夫してみてください。

4 | 規則的に並ぶ点の個数

（☞解答：別冊5ページ）

次のそれぞれの図には、いくつの点が書いてありますか？

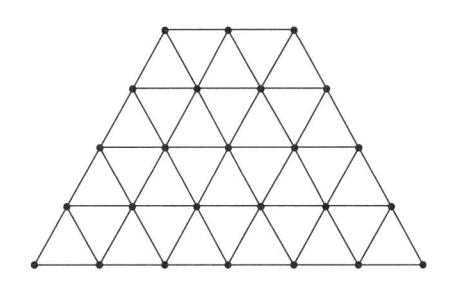

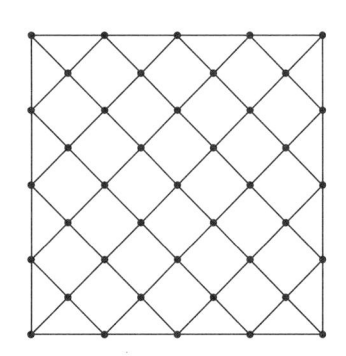

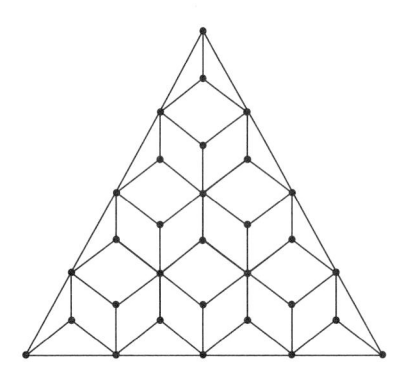

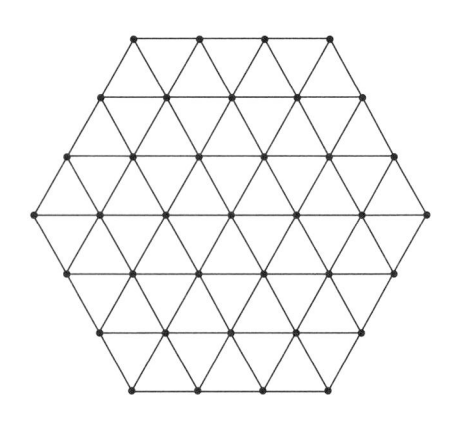

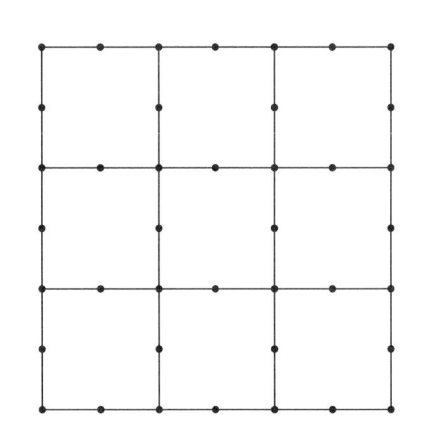

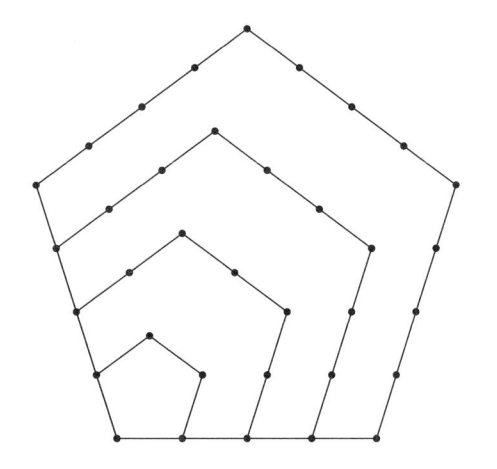

1

2

3

4

5

6

● ポイント

1から5までは、いままで学習してきたさまざまな考え方を総合した工夫が問われます。

1はそのまま数えてもたいしたことはありませんが、「逆向きにくっつける」考え方も有効です。

2、3ではどのように分類したかが決め手になるでしょう。

⑬ 基本となる形を連想する

5はいろいろな方法が考えられます。

解答では「分類」によって解いていますが、次の方法の方が早いことは早いでしょう。つまり、点をいくつか頭の中で補うと、実は点がたてにも横にも7つずつ並んだ形になり、この7×7の49個から、補った点の個数を引けばよいのです。

このような発想ができるようになるには、基本となる形が頭の中でいつもイメージされていて、問題を見たときにそうした基本を利用しようとする頭の働きが必要です。

というより、慣れてくると、そうした基本がさっと連想できるようになってくるのですね。

⑭ 一方向から見る

6は五角数の問題です。

五角形状に点が配置されているのでこう言うのですが、うっかりと 5 + 10 + …… などと考えると、重なった点の処理が大変でわけがわからなくなります。

1つの方向から眺めるとうまく点を分類することができるのですが、どのような方向から眺めるとよいでしょうか。考えてみてください。

5 | 長方形の面積の何分のいくつ？

(☞解答：別冊6ページ)

次の各図形で、色のついた部分の面積は長方形の面積の何分のいくつですか？（分数を習っていない場合は、全体を120cm²として、色の部分の面積を出してください）

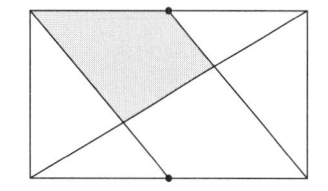

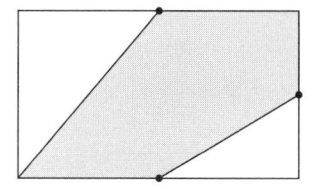

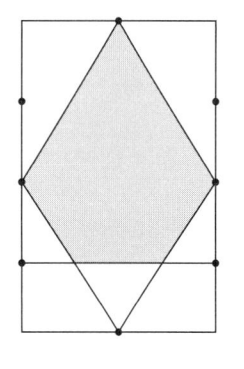

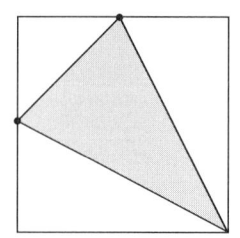

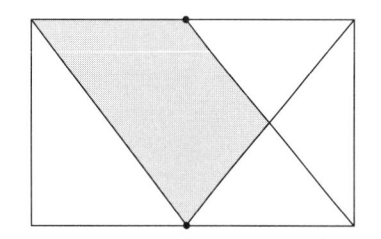

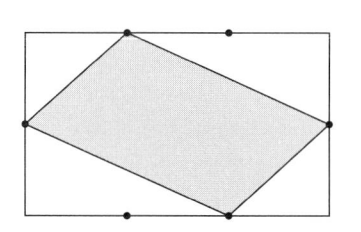

1

2

3

4

5

6

●ポイント

⑮ 長方形の分割（1）

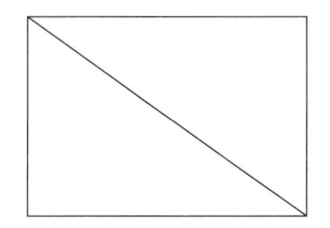

上図で、長方形は1本の対角線によって、2つの合同な三角形に分割されています。

⑯ 長方形の分割（2）

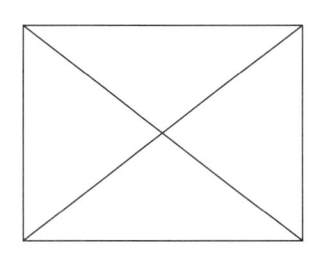

上図で、長方形は2本の対角線によって、それぞれ2組の合同な二等辺三角形に分割されています。

この4つの三角形はみな面積が等しくなっています。

⑰ 長方形から角の三角形を切り取る

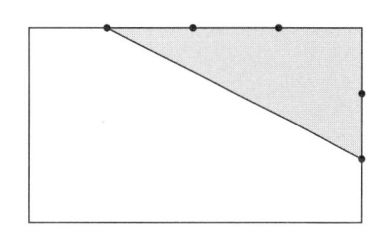

例をあげると、上図で、色のついた部分の三角形の面積は長方形全体の面積の $\frac{3}{12}$、つまり $\frac{1}{4}$ になっています。

これは次のように考えるとわかりやすいでしょう。

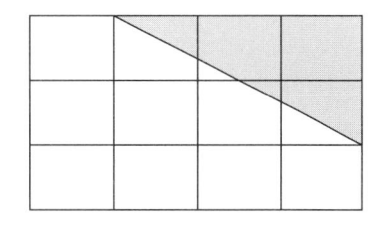

つまり、大きな長方形の面積は、上図で、小さな長方形の 4×3 個分にあたります。

色のついた部分は、3×2 の6個分の長方形の半分です。そこで、「4×3分の3×2 の半分」で、$\frac{1}{4}$ と頭の中で計算するわけです。

2、4、6は、こうした角の三角形をいくつか全体（割合としては1）から切り取ったものとして眺めてもよいでしょう。

6は、36ページをやってからのほうがあたりまえに思えるかもしれません。

6 | 三角形の面積の何分のいくつ？

（☞解答：別冊7ページ）

次のそれぞれの図形で、色のついた部分の面積は、三角形全体の面積の何分のいくつですか？（分数を習っていない場合は、全体を120cm²として考えてください）

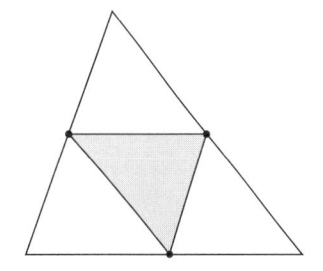

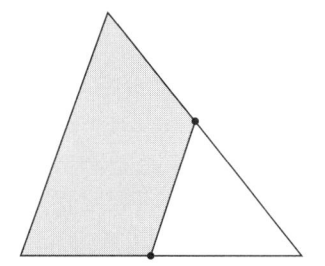

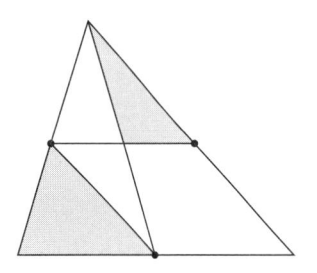

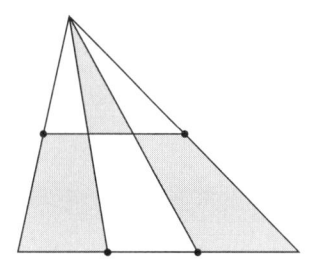

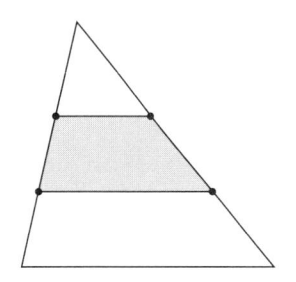

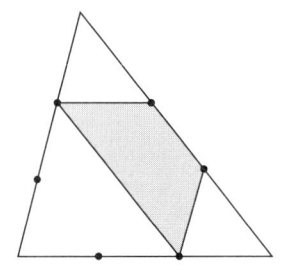

1

2

3

4

5

6

● ポイント

⑱ 三角形を4つの合同な三角形に分割する

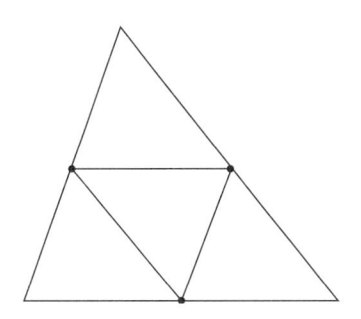

上図のように、三角形の3つの辺の中点を結ぶと、もとの三角形と形が同じで、長さが半分の三角形が4つできます。

このように、どのような三角形も3つの中点を結ぶことで、4つの合同な（形も大きさも同じ）三角形に分割することができます。

⑲ 三角形を9つの合同な三角形に分割する

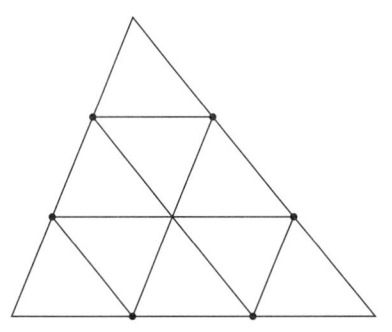

上図のように、三角形の3つの辺の3等分点を結ぶと、もとの三角形と形が同じで長さが$\frac{1}{3}$の三角形が9つできます。

このように、どのような三角形も辺の3等分点を結ぶことで、9つの合同な三角形に分割することができます。

ポイント⑱、⑲のような分割を発展させてみましょう。一般的には、n等分点をうまく結ぶと、n×n個の合同な三角形に分割できます。

⑳ 面積の2等分、3等分

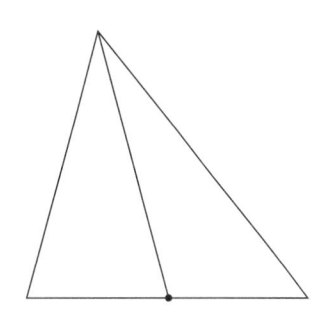

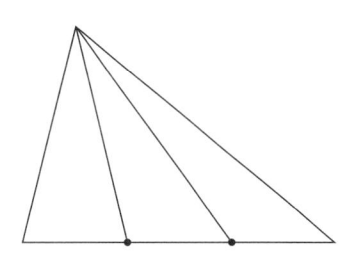

上図のように、頂点と、底辺の2等分点、3等分点を結ぶと、三角形は面積の等しい2つの三角形、3つの三角形に分割されます。

分割された三角形どうしの面積が等しいことは、底辺も高さも同じ三角形であることからわかりますね。

7 | 正六角形の面積の何分のいくつ？ (☞解答：別冊8ページ)

次のそれぞれの図形で、色のついた部分の面積は、正六角形全体の面積の何分のいくつですか？（分数を習っていない場合は、全体を120cm²として考えてください）

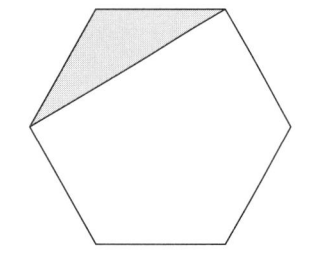

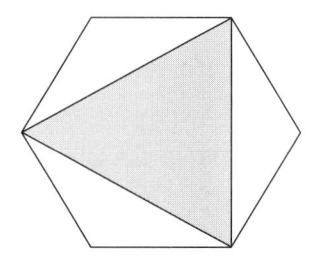

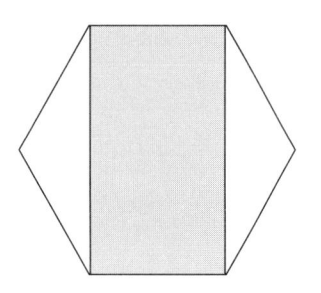

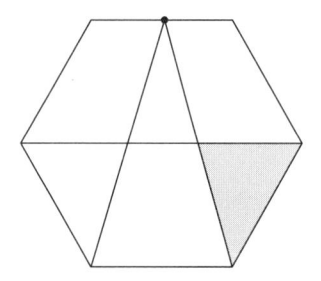

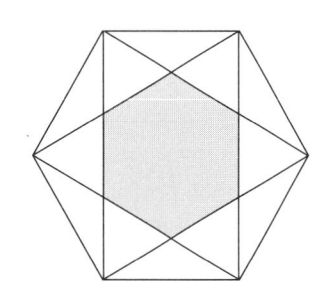

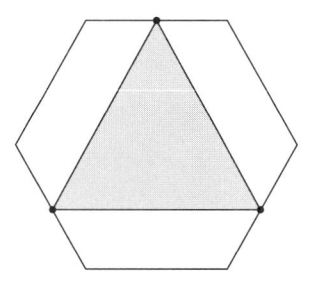

1

2

3

4

5

6

● ポイント

㉑ 正三角形の分割

図1

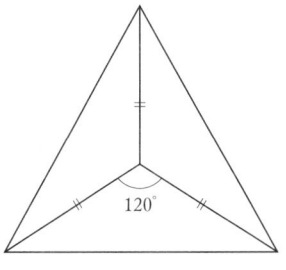

正三角形は図1のように、3つの合同な「頂角が120°の二等辺三角形」に分割することができます。

図2

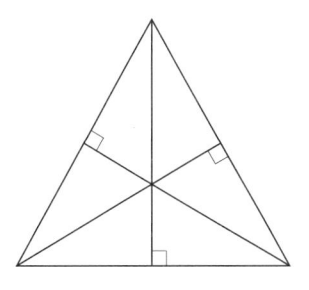

さらに図2のようにすると、6つの合同な三角形に分割できます。

㉒ 頂角が120°の二等辺三角形

頂角が120°の二等辺三角形を半分に切って下図のように一方を移動すると、正三角形になります。

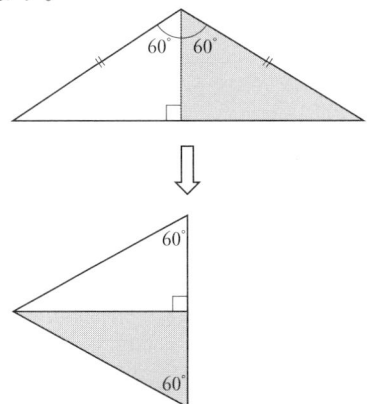

㉓ 正六角形の分割

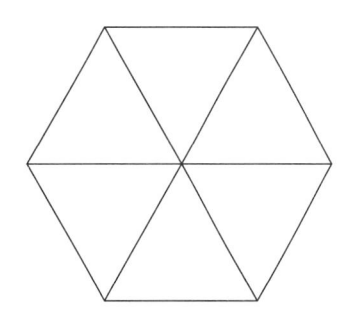

正六角形は上図のように、正三角形が6つ集まってできたものととらえることができます。

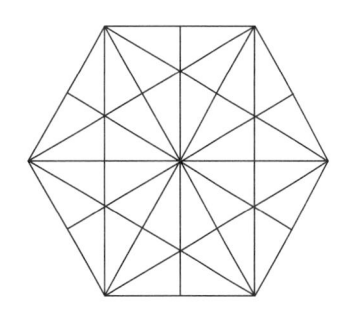

それぞれをさらにポイント㉑の図2のように6つに分割すると、36個の合同な三角形に分割されます。

8 | 面積を寄せ集める

（☞解答：別冊9ページ）

次の各図で、色のついた部分の面積を求めなさい。ただし、特に指定がないときは全体の面積を1とします。

①

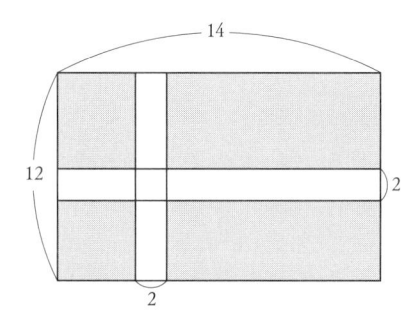

②

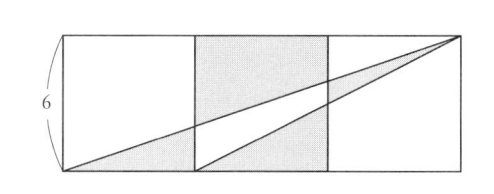

3つの正方形

③

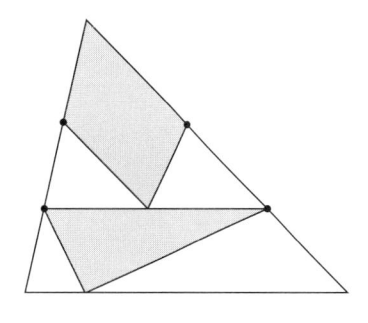

④

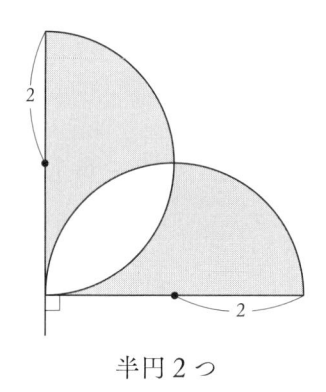

半円2つ

⑤

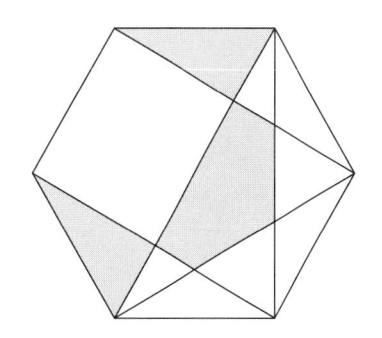

⑥

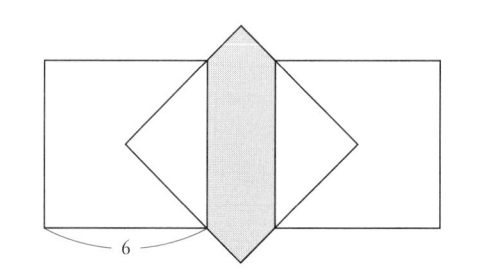

同じ大きさの3つの正方形

● ポイント

㉔ ばらばらなピースをはめこむパズルのように……

　左ページの問題のうち、1から5までは、色のついたいくつかのピースをうまく寄せ集めたり、ピースをさらにうまく切り貼りして「基本的な図形」に直すことで、面積が求めやすくなるものです。

　単に同じ形のものをはめこむだけでなく、面積が等しいものならば、そこに移動してはめこんでしまいます。

㉕ 2つの三角形で底辺が等しく高さも等しければ面積は等しい

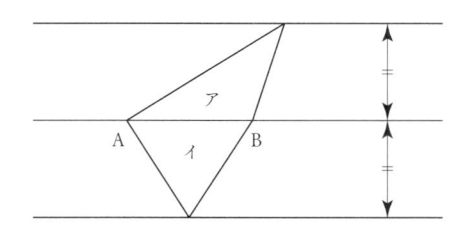

　これは当然のことなのですが、具体例で考えておかないと、いざという場合に見抜けません。

（例）上図で3本の線が平行で等間隔であるとき、三角形アとイは面積が同じです。
　底辺をABと見たときの高さが等しいからです。

　6は、むしろ28ページに関係する問題です。

9 | 長方形の面積は？

(☞解答：別冊 10 ページ)

次のそれぞれの図のうち、色のついた部分の面積を求めなさい。

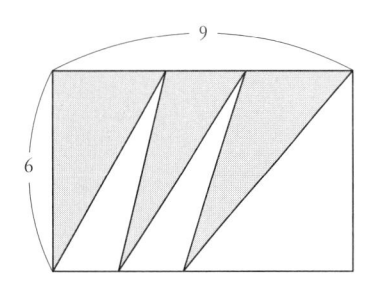

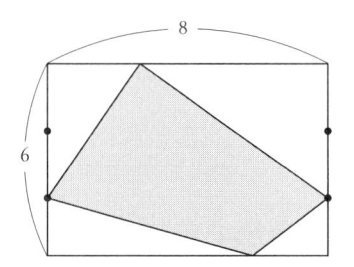

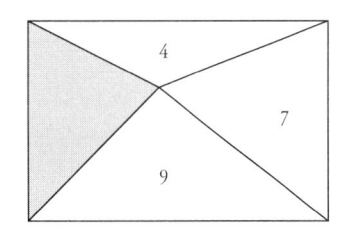

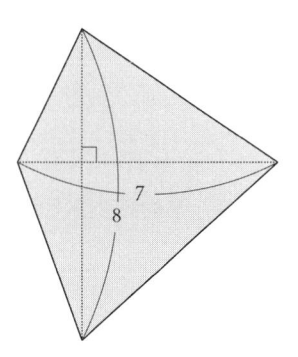

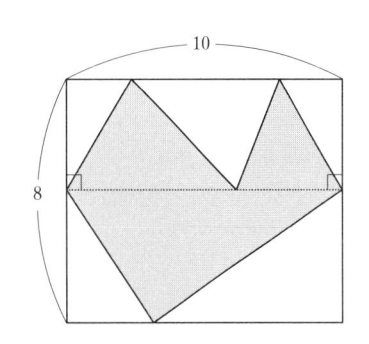

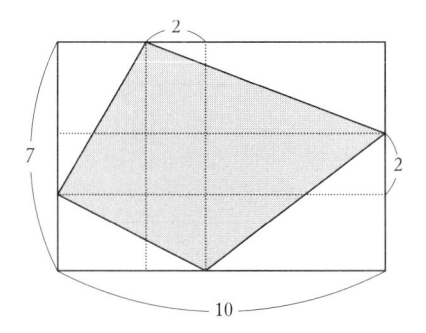

1

2

3

4

5

6

● ポイント

㉖ 長方形の面積の半分（1）

下図の色のついた部分の三角形の面積は、両方とももとになる長方形の面積の半分です。

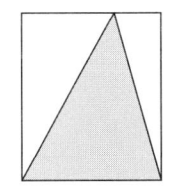

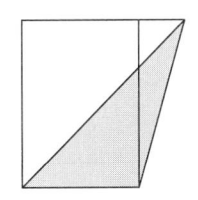

㉗ 長方形の面積の半分（2）

ポイント㉖をもとにすると、次の各図の場合に、色のついた部分はもとになる長方形の面積の半分だということがわかります。

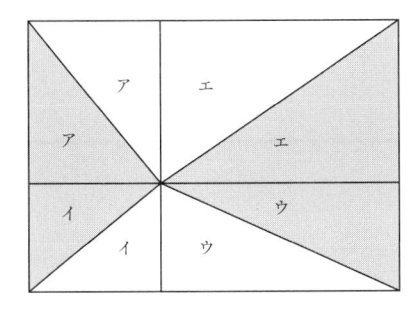

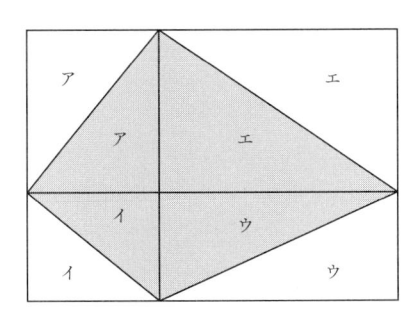

㉘ 対角線が直交する四角形の面積は、「対角線×対角線÷2」

㉗の下の図をもとに考えると、対角線が直交する（90°に交わる）四角形の面積は、「2つの対角線の長さの積÷2」だということがわかります。

特に、ひし形や正方形はこの方法で面積を求めることができます。

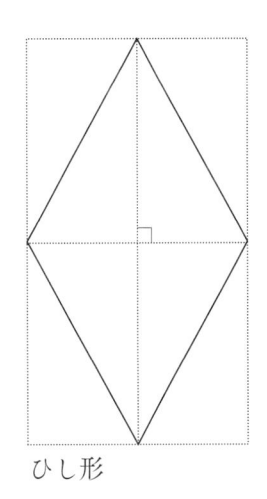

ひし形

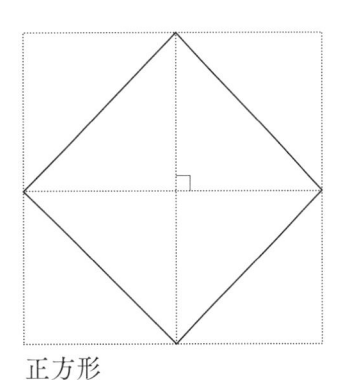

正方形

10　面積の移動

（☞解答：別冊11ページ）

次の色のついた部分の面積を求めなさい。

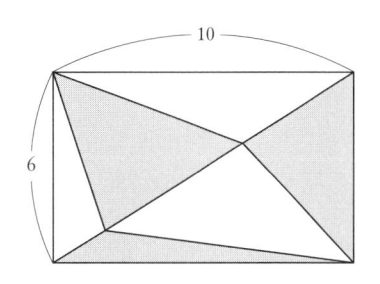

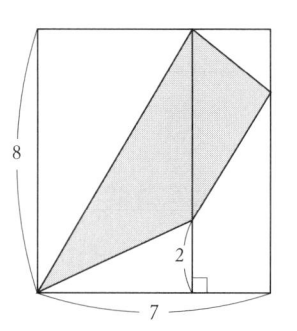

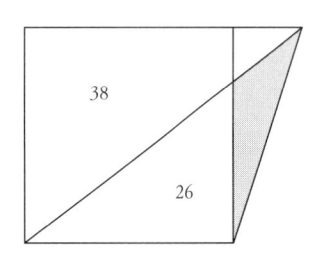

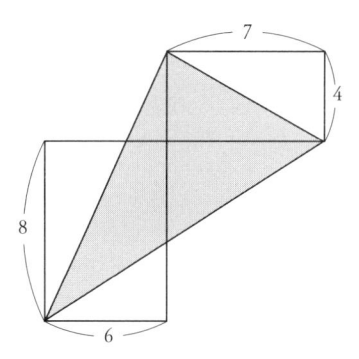

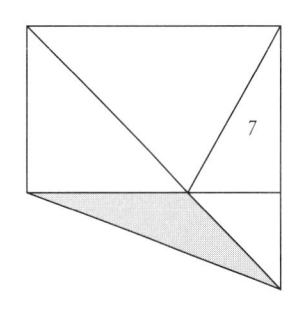

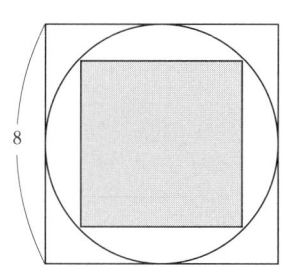

1

2

3

4

5

6

● ポイント

㉙ 等積移動

　ある図形を、面積が等しいまま（形は変わってもよい）、別の箇所に移動することを「等積移動」といいます。
　等積移動のうちで一番大切なのは、三角形の等積移動です。

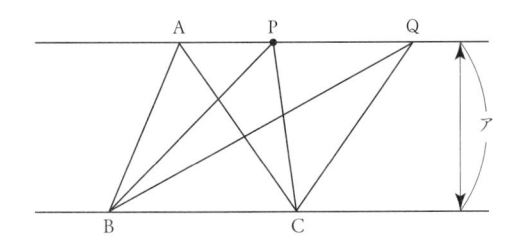

　上図のように平行線がある場合に、三角形ABCの面積は、底辺をBCとすると高さは図のアです。
　そこで、2本の平行線の上側のほうの線の上に勝手な点（たとえば図のPやQ）をとってみると、三角形PBCや三角形QBCも底辺はBCで高さはアですから、面積は三角形ABCと同じです。
　このように、三角形ABCを面積が等しいまま、三角形PBCや三角形QBCに移動（または変形）することを、「等積移動」または「等積変形」といいます。

㉚ 台形の対角線を引いた形

　台形では上底と下底とは平行です。
　そこで㉙の等積移動の理屈から、下図の三角形ABCと三角形DBCの面積は等しくなります。

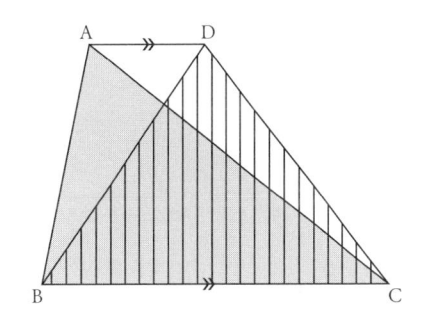

　この両者から共通した部分を引いて考えると、下図のアとイの面積は等しいことがわかります。

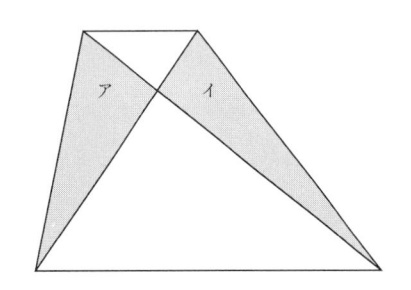

11 | 分配法則の逆

（☞解答：別冊12ページ）

1 は、色のついた部分の図形の周の長さを求めなさい。
2、3 は、色のついた部分の面積を求めなさい。
4、5、6 は、色のついた部分をたての直線のまわりに1回転したときにできる立体の体積を求めなさい（1 と 4〜6 の答えは、「○×3.14」の形にすること）。

1

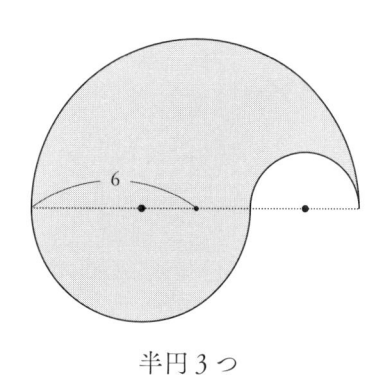

半円3つ

2

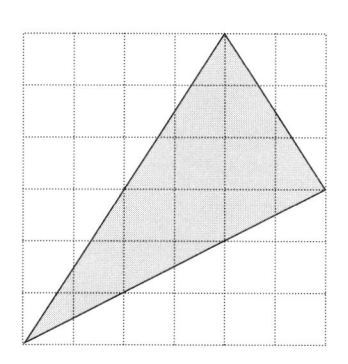

3

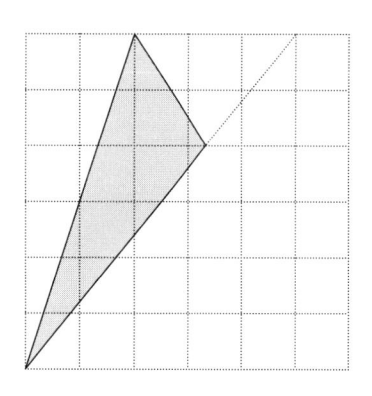

4

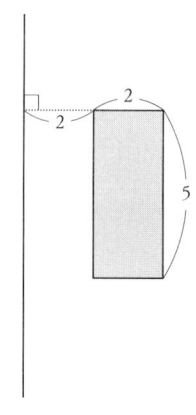

5

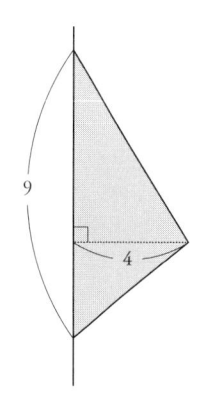

6

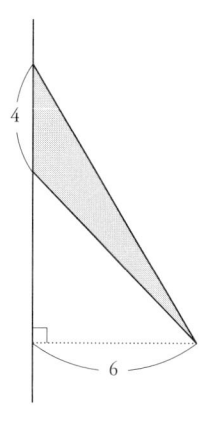

● ポイント

㉛ 分配の法則の逆を使って計算する

（例）　$6 \times 3.14 + 4 \times 3.14$
　　　　$= (6 + 4) \times 3.14 = 31.4$

　これをうっかり、2つのかけ算を個別に計算してから足すと、大変面倒な計算になってしまいます。

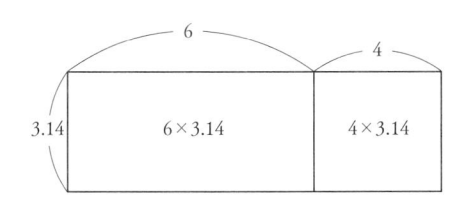

㉜ 3つの半円の周の長さの和

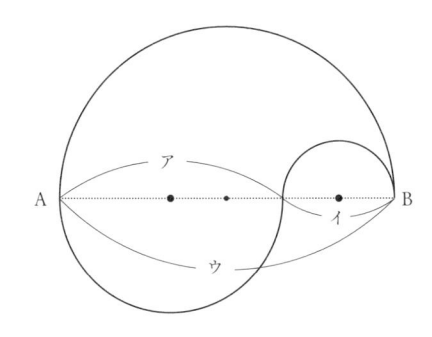

　図のように、3つの半円の周の長さを足したもの（外周の長さ）は、必ず、ABを直径とする1つの円の円周の長さと等しくなります。

　これは、ア×3.14÷2＋イ×3.14÷2＋ウ×3.14÷2＝（ア＋イ＋ウ）×3.14÷2＝ウ×3.14というように式で説明できます。

㉝ 下図の三角形の面積は「ア×エ÷2」

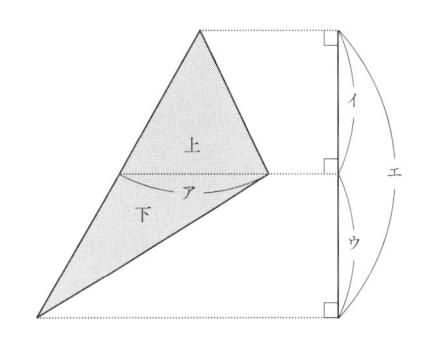

　　上＋下＝ア×イ÷2＋ア×ウ÷2
　　　　　＝ア×（イ＋ウ）÷2
　　　　　＝ア×エ÷2

というように、式で説明できます。

　そのほかにも、左ページの問題には、分配法則の逆を使う問題がたくさんあります。一度こつを覚えると、おもしろいように解けるようになります。

12 面積の足し引き

（☞解答：別冊13ページ）

次のそれぞれの図形について、色のついた部分の面積を求めなさい（3、4の答えは、「○ × 3.14 − □」の形に、5、6の答えは、「○ × 3.14」の形にすること）。

1

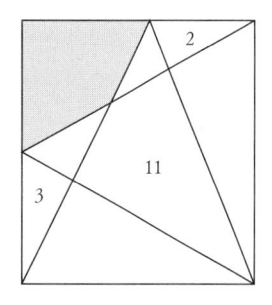

2

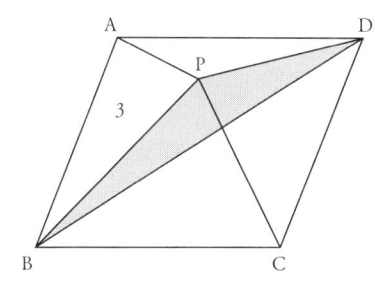

平行四辺形、△PBC＝8 cm²

3

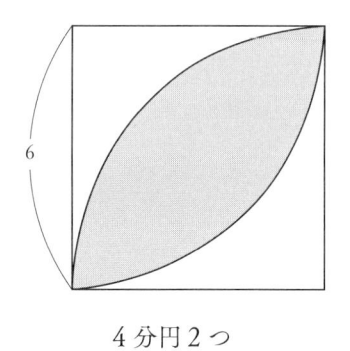

4分円2つ

4

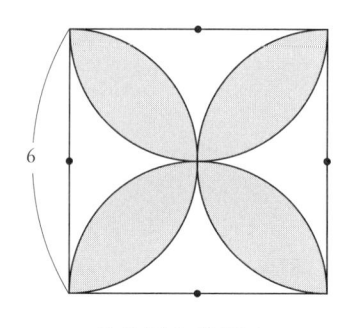

正方形と半円4つ

5

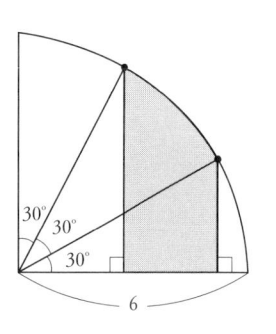

6

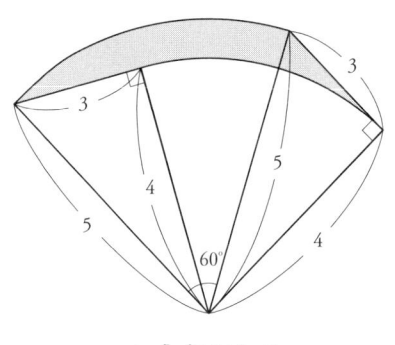

おうぎがた2つ

ポイント

㉞ A＝BならばA－C＝B－C、A＋C＝B＋C

これはあたりまえのことのようですが、図形でもよく使います。

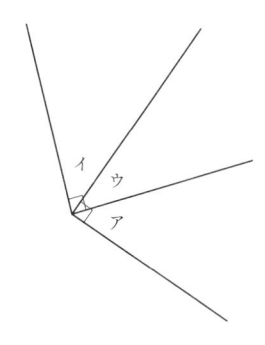

（例1）2つの直角がある上図で、角ア＝角イ。

なぜならば、両方ともに「90°－角ウ」だからです。

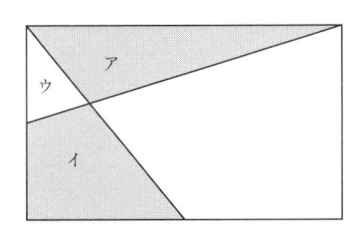

（例2）上図で、面積についてア＝イのとき、ア＋ウ＝イ＋ウとして考えた方がよいのです。なぜならば、アやイの部分の面積は計算しにくいのに対して、ア＋ウやイ＋ウの部分は基本的な三角形で計算しやすいからです。

㉟ 重なりの処理

これは21ページのポイント②と同じですが、重要なことなので再度取り上げます。

2つの図形が重なっているときは、単純にその2つの図形の面積を足して、全体の面積を引けば、重なった部分の面積が出てきます。

㊱ 基本的な図形の足し引き

5、6では、色のついた部分は、複雑な形の図形になっていて、いっぺんに面積を求めることはできません。こうした場合には、これをいったん基本的ないくつかの図形の足し算、引き算の形に直します。すると、どちらもうまく「差し引き0」になる部分があらわれて、計算が楽になります。

こうして基本にのっとると、一部がきれいに消えて計算できる形だからこそ、このような問題がよい問題、おもしろい問題だとされて教材や問題になるのです。

13 | 角度の移動①

（☞解答：別冊14ページ）

次のそれぞれの図で、色のついた部分の角度（いくつかある場合はその和）を求めなさい。ただし、それぞれの図で、上下2本の直線は平行だとします。

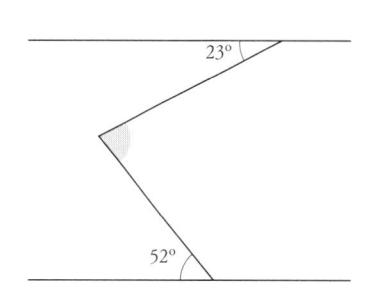

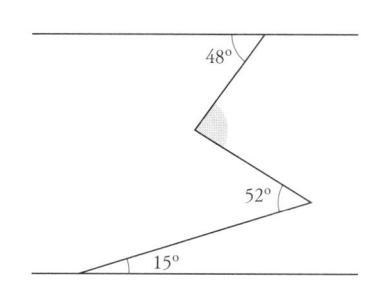

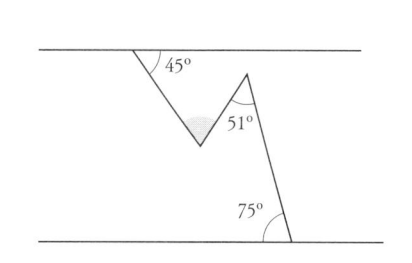

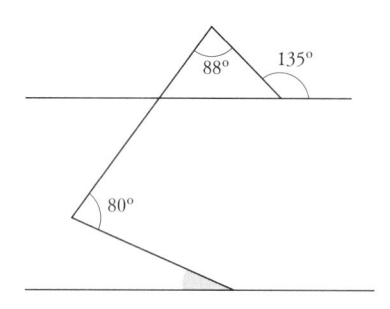

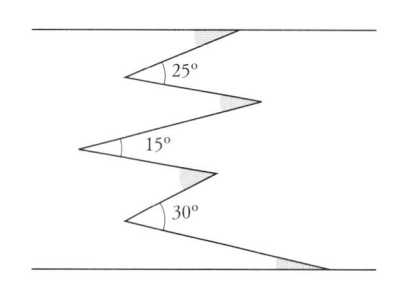

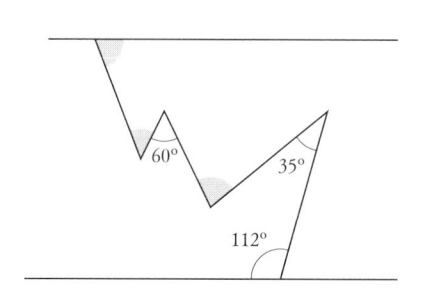

1

2

3

4

5

6

● ポ イ ン ト

㊲ 対頂角

下図では、角度について、ア＝イ、ウ＝エです。ア＝イはどちらも180°－ウであることから導かれます。ウ＝エも同様です。

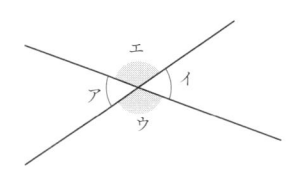

㊳（平行線の）同位角

下図で、アとイ、ウとエ、オとカ、キとクの角度はそれぞれ同じです。

このような位置関係にある2つの角を「同位角」といいます。

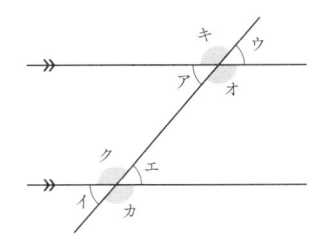

㊴（平行線の）錯角

下図で、アとエ、カとキのような位置関係にある角を「錯角」といいます。対頂角と同位角の知識を前提とすれば、平行線の錯角が等しいことはすぐにわかります。

これらの3つが「角度の基本となる3つの定理」で、角度についてのすべての事柄はここから学びはじめることになります。

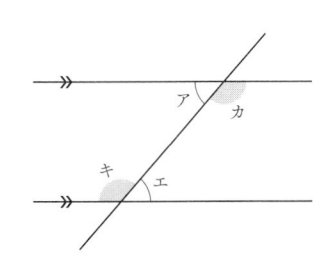

㊵ 補助線の引き方

左ページのような問題については、「折れ目から平行に引く補助線」や「のばす補助線」を引いて、左記の3つの定理を使うことが基本です。

㊶ 移動による理解のしかた

下図では、ア＋ウ＝イ＋エです（1つおきの和が等しい）。

下図には、えんぴつが①から⑤まで書いてありますが、えんぴつ①を左にア回転すると②の向きになり、右にイ回転すると③の向きになり、次に左にウ回転すると④の向きになり、さらに右にエ回転すると⑤の向きになり、これははじめと同じように水平です。

つまり、左に回転した合計（ア＋ウ）の角度と、右に回転した合計（イ＋エ）の角度が等しいために、向きが元に戻る（水平に戻る）のです。

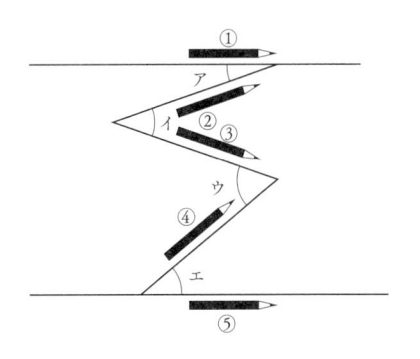

14 ｜ 角度の移動②

（☞解答：別冊15ページ）

次のそれぞれの図で、色のついた角度の和を求めなさい。

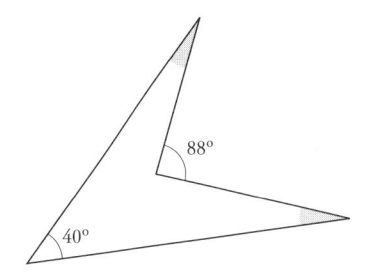

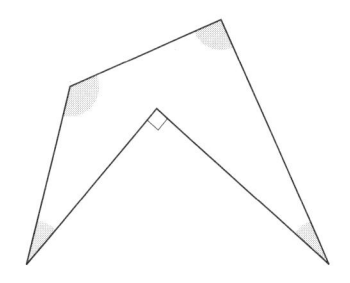

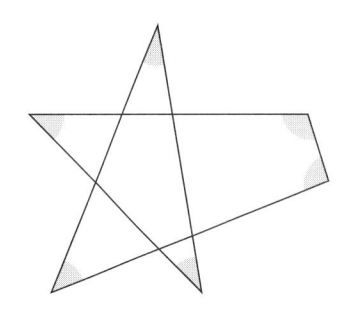

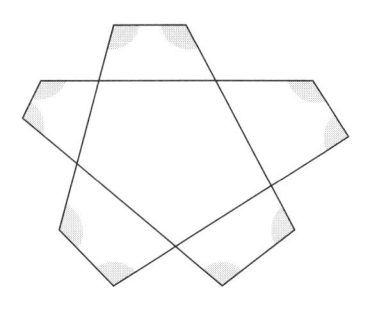

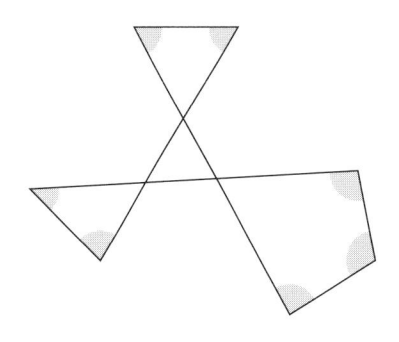

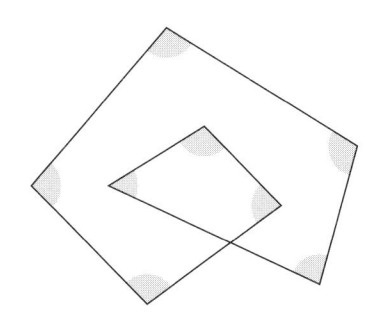

1

2

3

4

5

6

● ポイント

㊷ 三角形の内角の和は180°

下図で、三角形の内角の和ア＋イ＋ウを考えると、イは同位角でエに移り、アは錯角でオに移ります。

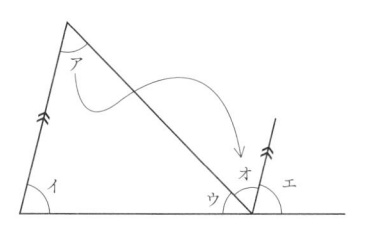

そこで、ア＋イ＋ウ＝オ＋エ＋ウ＝180°となります。

㊸ 三角形の2つの内角の和は、もう1つの角の外角に等しい

㊷を説明する過程で、下図で
　ア＋イ＝カ
となります。すなわち、表題の理屈が成り立ちます。

これがもっとも大切な角度の移し方です。

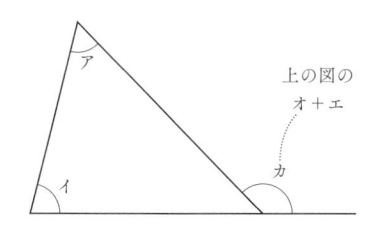

㊹ たこの形

次の図1で、角度について、
　ア＋イ＋ウ＝エ
が成り立ちます。

これは図2のように線を引くと、
　オ＋イ＝カ

キ＋ウ＝ク

であることから、両者を足すことで得られます。

これも角度を移す大切な方法です。

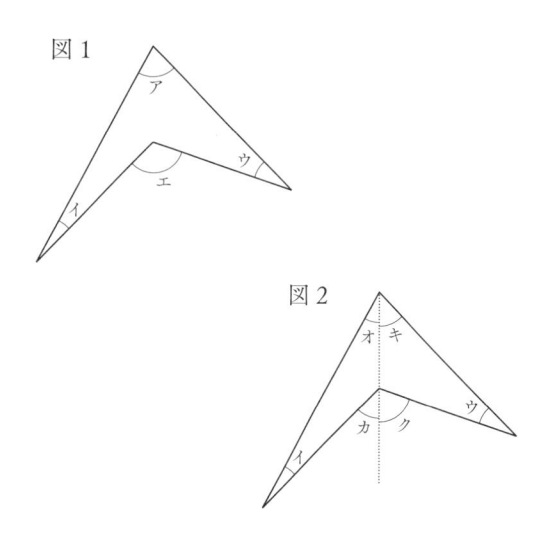

㊺ ちょうちょの形

下図のような形では、角度について、
　ア＋イ＝ウ＋エ
になっています。これはア＋イが「180°－○」、ウ＋エも「180°－○」になっていることから説明できます（○どうしは対頂角で等しい）。

左ページの問題は、特に㊹、㊺のどちらかを用いるとパズルのようにすっと解けるものです。

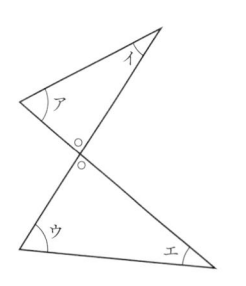

15 | 二等辺三角形の発見

（☞解答：別冊16ページ）

次のそれぞれの図で、色のついた角の角度を求めなさい。

1

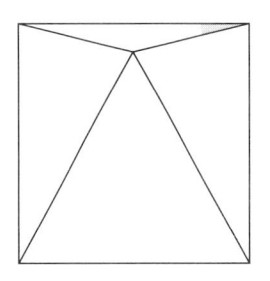

正方形と正三角形

2

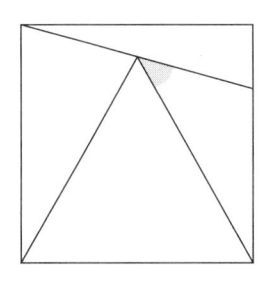

正方形と正三角形

3

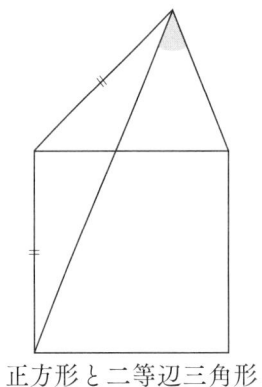

正方形と二等辺三角形

4

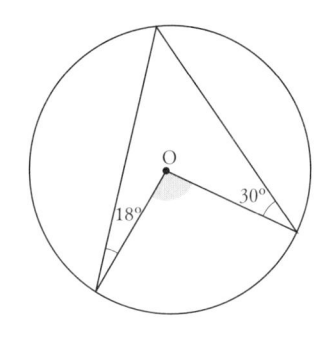

円の中心と結んだ図

5

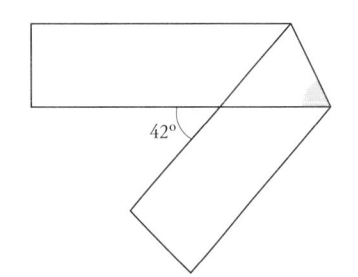

細長い長方形のテープを折った図

6

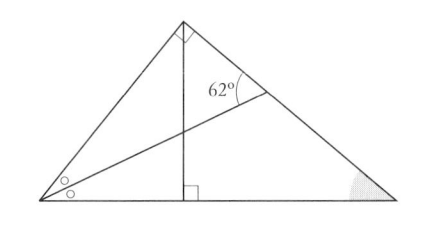

● ポイント

㊻ 二等辺三角形と角度

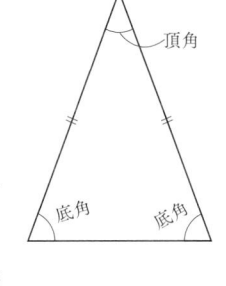

二等辺三角形の2つの底角は同じ角度です。

そこで、180°から頂角を引いて2で割ると底角が出てきます。

①、②ではそうした手法しか使いませんが、その前に、長さが等しい線を発見して、二等辺三角形を見つけなければいけません。

円は半径がみな等しい長さなので、二等辺三角形はたくさん出てきます。

㊼ テープの折り返しと二等辺三角形

一般に細長いテープを折り返したとき、重なった部分は二等辺三角形です。これは次のように説明できます。

下図で角度について、角アを折り返すと角イに重なるから、ア＝イ。

次に錯角は等しいから、ア＝ウ。

そこで、イ＝ウとなり、底角が等しいので、色のついた部分は二等辺三角形である、となります。

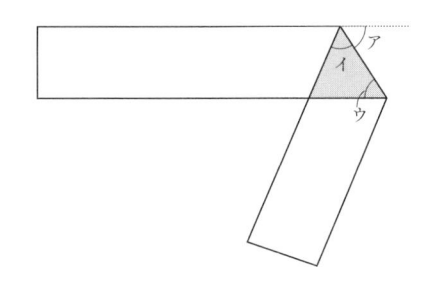

㊽ 角の二等分線や等しい角度がからんだ二等辺三角形

ポイント㉞の要領で、2つの等しい角度を足した角度どうしが等しくなるので、底角が等しくなり、二等辺三角形ができるような成り立ちの図形もあります。

左ページの⑥がその例なのですが、ここではもう1つ例を出しておきます。

（例）下図で、ア＝イ（＝90°－○○）
　　　そこで、ウ＝ア＋○、エ＝イ＋○
　　　だから、ウ＝エ　となって、三角形ABEは二等辺三角形となる。

なお、左ページの④は、中学で習う円周角の定理を使えば「一発」なのですが、ここではわざとそういう技は封印しておきます。

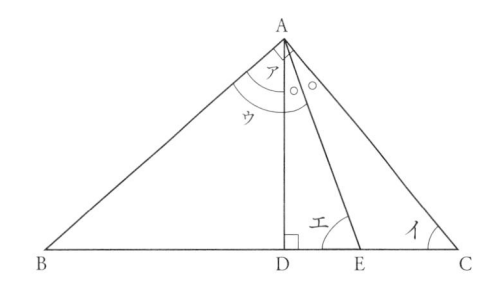

16 角の2等分線が2つある形

（☞解答：別冊17ページ）

次のそれぞれの図で、色のついた部分の角度を求めなさい。

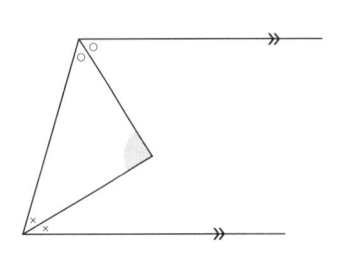

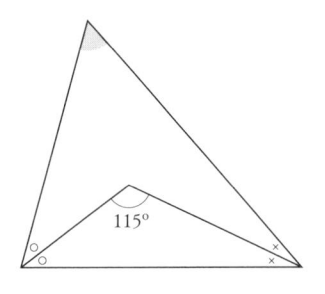

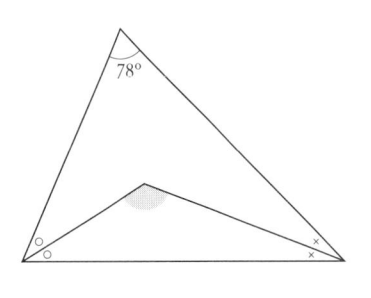

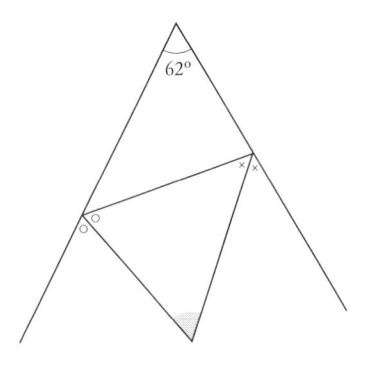

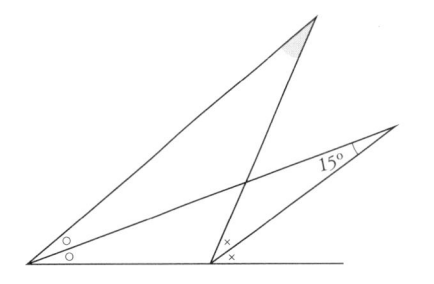

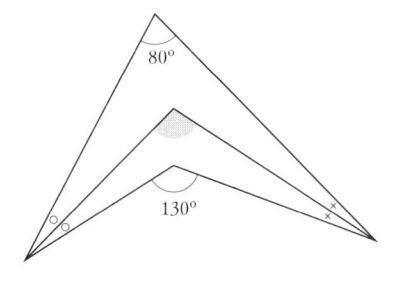

1

2

3

4

5

6

● ポイント

㊾ ○○××と○×の関係

（以下、＋の文字は省略します）

○○××は○×の2セット分ですから、○×がわかれば○○××はその大きさを2倍すれば出るし、逆に○○××がわかれば○×はそれを半分にすれば出ます。

この理屈を使って角度を求めていくのが、左ページの問題です。

（例）下図の色のついた部分の角度は、
　○○×× ＝ 180°－ 50° ＝ 130°
そこで、○× ＝ 130°÷ 2 ＝ 65°
色の部分の角度 ＝ 180°－ 65° ＝ 115°
と出すことができます。

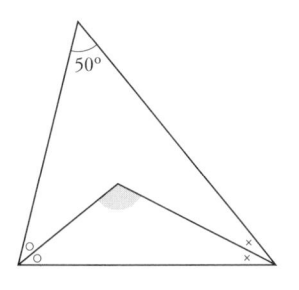

㊿ 平行線の同側内角

下図のアとイを「平行線の同側内角」といい、和は180°です。

そのわけは、アを錯角でウに移してみるとすぐにわかります。

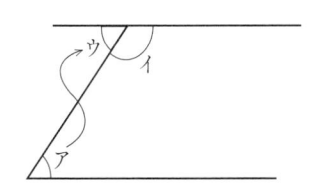

51 多角形の内角の和

とりあえず左ページの問題に直接は関係ありませんが、この「まとめ」は大切な事項です（47ページも参照）。

四角形は2つの三角形に分けられるので（下図）、内角の和は180°の2つ分で360°。

五角形は1つの頂点から引いた2本の対角線で3つの三角形に分けられるので、内角の和は三角形の内角の和3つ分で、180°× 3 ＝ 540°。

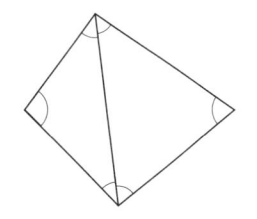

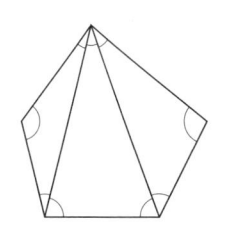

同じようにして、n角形は1つの頂点から引いた（n－3）本の対角線（1つの頂点からは自身とその両隣の合計3つの点を除いた（n－3）個の頂点に対角線が引ける）によって、（n－2）個の三角形に分けられるので、内角の和は、180°×（n－2）となります。

17 | 線分上の連比①

（☞解答：別冊 18 ページ）

次のそれぞれの図について、3つに区切られた線分の「左の長さ：中の長さ：右の長さ」を求め、3：2：4のように答えなさい。

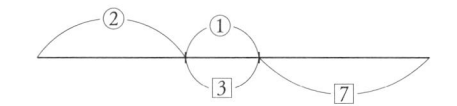

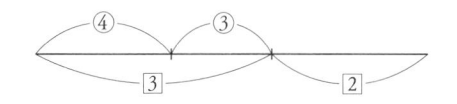

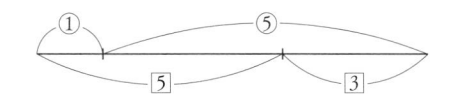

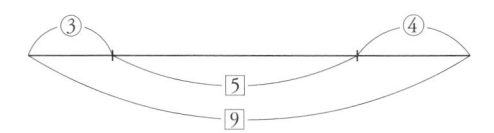

1

2

3

4

5

6

● ポイント

㊷ 比を合わせる（連比）

　下の図は○系列と、□系列と2つの比が入り混じっているので、比の基準を統一しなければなりません。

　下の図の場合は②と③が同じ長さなので、これを同じ△6（2と3の最小公倍数）に統一します。

　すると、○系列はすべて3倍、□系列はすべて2倍されることになります。

　これを利用して、比を頭の中で暗算して合わせるのです。

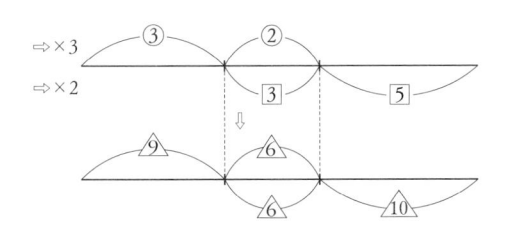

㊹ 右は左の何倍か（分数倍の世界）

　下図のようになっているとき、右の長さは左の長さの$\frac{4}{3}$倍です。

　左の長さは、右の長さの$\frac{3}{4}$倍です。

　このように、比で表すのではなく、どちらがどちらの何倍であるかを「分数倍」で見抜けるようになることが大切です。

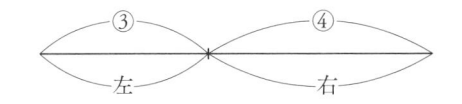

㊸ 全体を1とすることもある

　下図では、ABは全体の$\frac{2}{5}$、CDは全体の$\frac{1}{3}$、残りのBCは1からこの2つを引けば出ます。

　この分数の比を整数比に直せば、AB：BC：CDを整数の比で表すことができます。

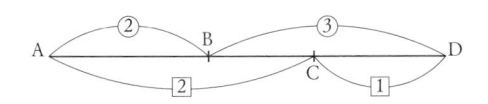

18 | 線分上の連比②　　（☞解答：別冊19ページ）

次のそれぞれの図について、x と書かれた部分の長さを求めなさい。

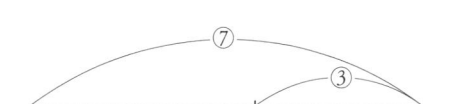

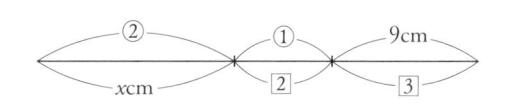

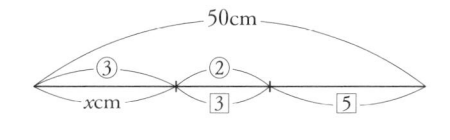

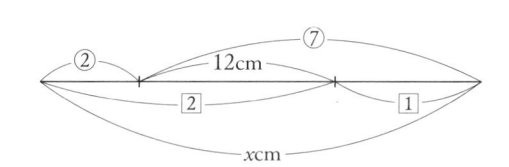

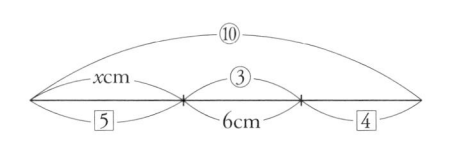

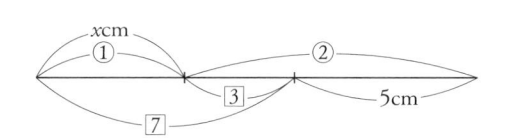

1

2

3

4

5

6

● ポイント

(55) もとになる長さを「分数倍」する

下図で BC の実際の長さを求めるには、AB の実際の長さを $\frac{4}{3}$ 倍します。

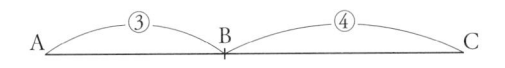

```
A ──③── B ──④── C
```

このように、もとになる長さを、「分数倍」することで、まだわかっていないところの長さが次々と求められます。

(56) 比例配分

下図のようになっているときは、全体の実際の長さは 10cm、それが 4 : 3 に分かれているわけです。

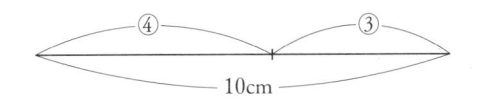

```
├────④────┼───③───┤
         10cm
```

すなわち、全体を 7 とすれば、左側は 4 にあたります。

分数倍で考えれば、左側の長さは全体の $\frac{4}{7}$ ですから、その実際の長さは、$10 \times \frac{4}{7}$ で求められます。

このように、全体をいくつかの比で表された部分に分けることを「比例配分」といいます。

根本的な考え方としては、ポイント�55の「分数倍」とまったく変わりません。

19 | 山型相似と×型相似　　　（☞解答：別冊20ページ）

次のそれぞれの図について、x と書かれた部分の長さを求めなさい。

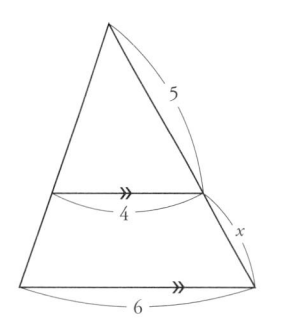

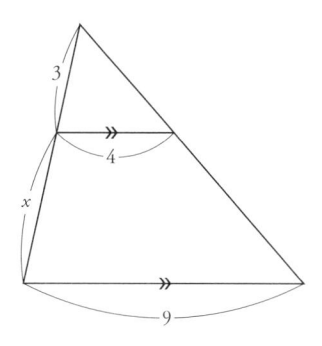

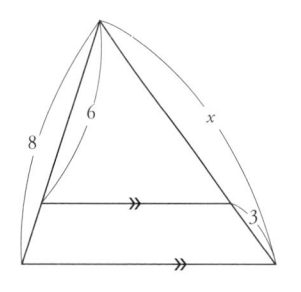

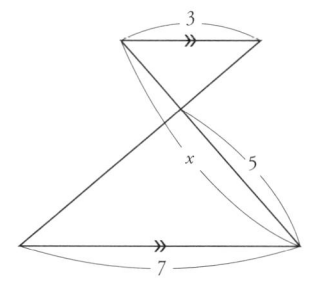

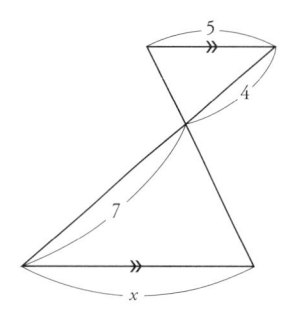

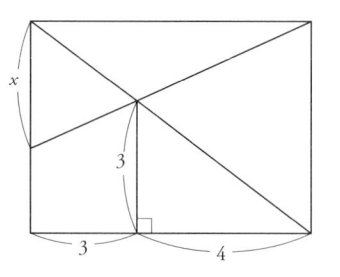

1

2

3

4

5

6

● ポイント

㊗ 相似と相似拡大

2つの図形が大きさは違っても形が同じであるとき、この2つの図形は「相似」であるといいます。

相似な図形をつくる1つの基本は相似拡大です。

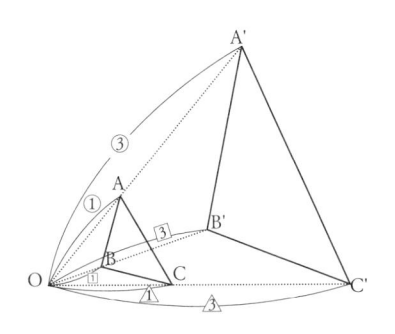

（例）上図の点Oを中心に、三角形ABCを3倍に相似拡大してみましょう。

Oから各頂点（A, B, C）に線を引き3倍にのばした点をA', B', C'とします。

すると、三角形A'B'C'は三角形ABCを、点Oを相似の中心として3倍に相似拡大した図形となっています。

㊈ 相似な図形の辺の比

相似な図形では、対応するところ（形が同じところ）の辺の長さの比はすべて同じです。

㊉ 山型相似

三角形の1つの底辺に平行線を引いた形（右図参照）では、全体の三角形とDEより上側の三角形は、形が同じ（相似）になっています。図で、

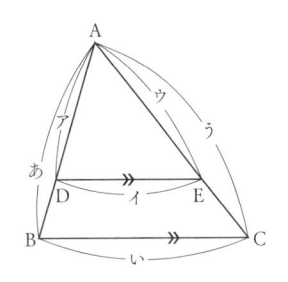

ア：イ：ウ＝あ：い：う

また、ア：あ＝イ：い＝ウ：う

が成り立ちます。これを利用してすばやく比を移し、あとはポイント㊶の要領で「分数倍」をして長さを求めていけば、1～3は解けます。

㊅ ×型相似

平行線にバッテンを描いた下図で、三角形PABと三角形PDCは相似です。

ア：イ：ウ＝あ：い：う

また、ア：あ＝イ：い＝ウ：う

が成り立ちます（指でなぞったり目で追ったりして慣れてください）。

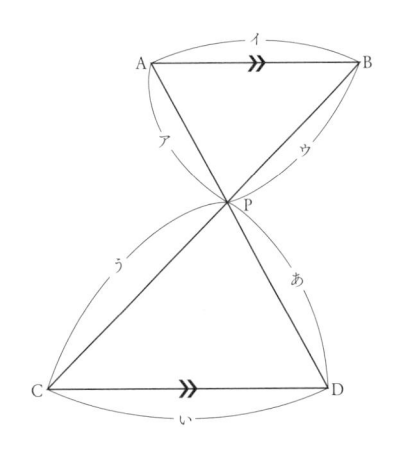

これらの「山型」「×型」というのは、正式な名称ではなく単なる愛称ですが、数ある相似のなかでも特に大切な2つです。

20 | 平行線で比を移す

（☞解答：別冊21ページ）

次のそれぞれの図について、xと書かれた部分の長さを求めなさい。

1

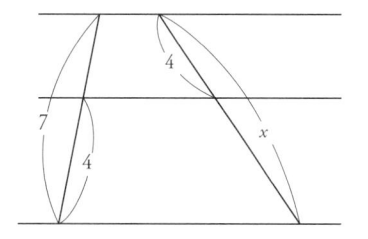

2

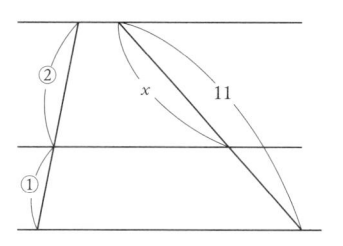

3

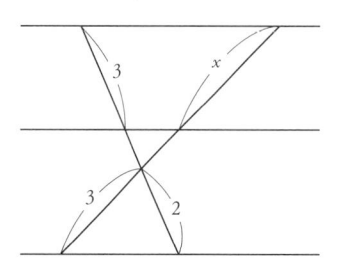

4

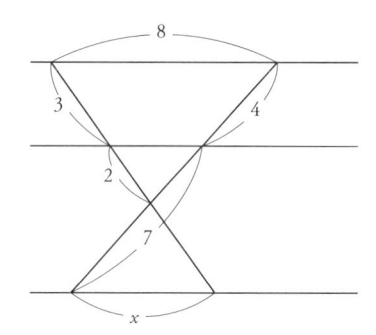

5

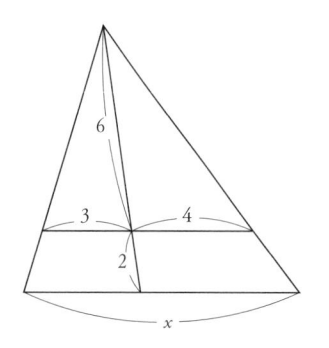

6

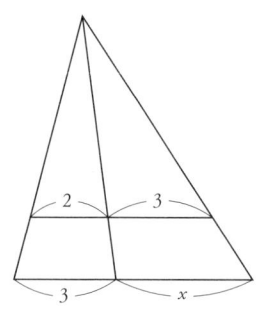

● ポイント

(61) 平行線で比を移す（1）

下図で、ア：イ＝ウ：エ（山型相似より）。

そこで点線の部分を右側にすべるように（平行に）動かすと、ア：イ＝オ：カ　もわかります。

これからさらに、ア：キ＝オ：ク　もわかりますが、これが一番覚えやすい形でしょう。

比は平行線に沿って移るのです。

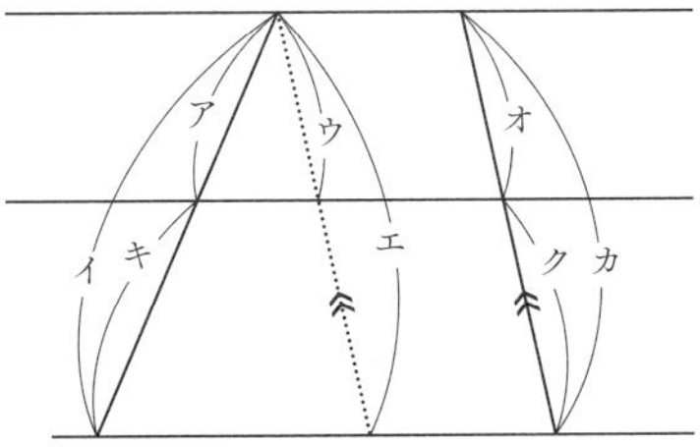

(62) 平行線で比を移す（2）

実は3本の平行線と交わる勝手な直線を引いたとき（下図参照）、ア：イはいつでも平行線の間隔の比a：b（図参照）に等しくなります。

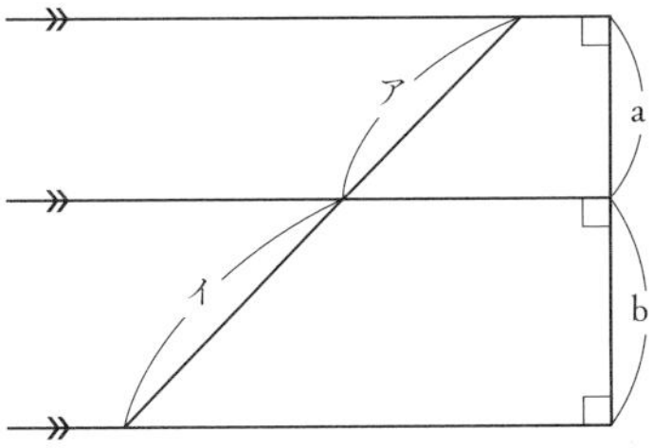

このこととポイント(60)をあわせて考えると、下の図で、ア：イ：ウ＝エ：オ：カがいえます。

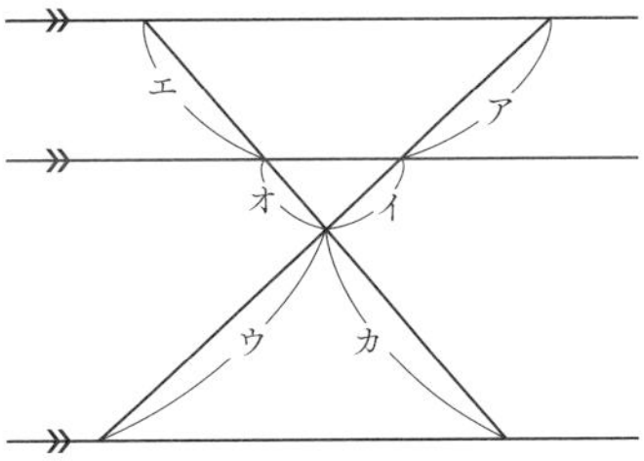

(63) 山型相似が2つくっついた形

下図で、山型相似を利用すると、

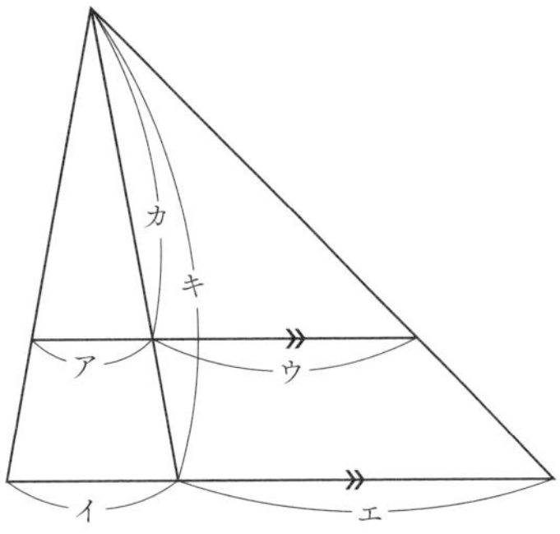

ア：イ＝ウ：エ

＝カ：キ

が成り立ちます。

このことから、

ア：ウ＝イ：エ

となりますが、これが覚えやすい形でしょう。

21 | 連比と補助線

（☞解答：別冊22ページ）

次のそれぞれの図で、長さの比 $x:y$ を求め、「3：2」のように答えなさい。

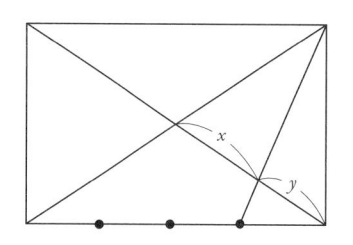

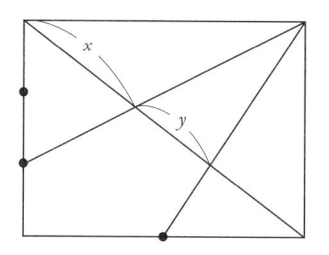

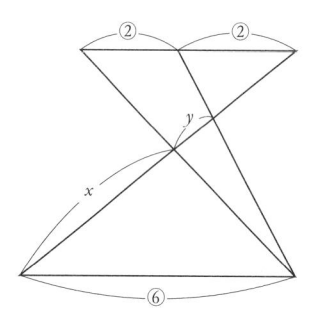

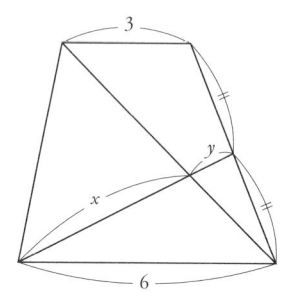

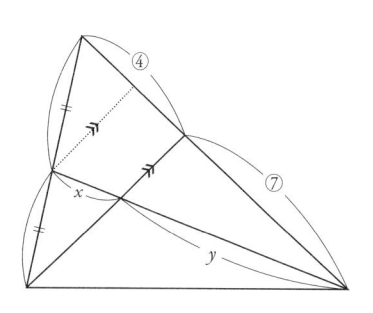

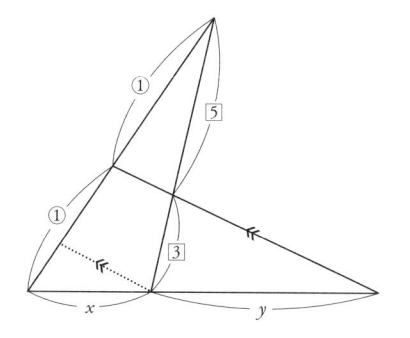

1

2

3

4

5

6

● ポイント

⑭ 図の中に2組の山型相似 またはx型相似を発見→連比

たとえば、下の図の中には
① 太枠部分の×型相似
② 色のついた部分の×型相似
の2つの相似があります。

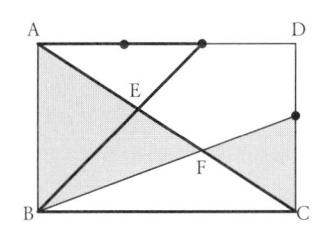

①から、AE：EC が 2：3 とわかり、
②から、AF：FC が 2：1 とわかるので、
AE：EF：FC が連比によって（53ページ）求められることになります。

これを頭の中ですばやく行えるようにするのがコツです。

そのためには、まず複雑な図形のなかから、山型相似や×型相似をすぐに見抜かなければなりません。

⑮ のばす補助線

右図1には相似形はありません。

しかし、図2のように補助線を引けば、×型相似が2つもできます。

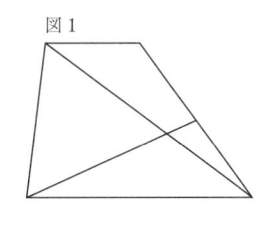

このように、補助線は、相似ができるように引くといいでしょう。

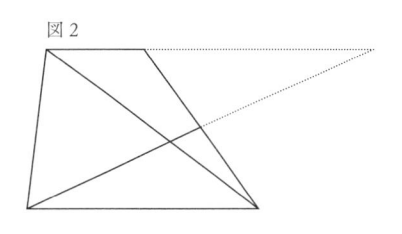

⑯ 平行に引く補助線

下図2のように、平行に線を引く補助線もよい補助線です。もともと山型相似や×型相似は、平行線を基本としているので、平行線はよく用いられる補助線だといえます。

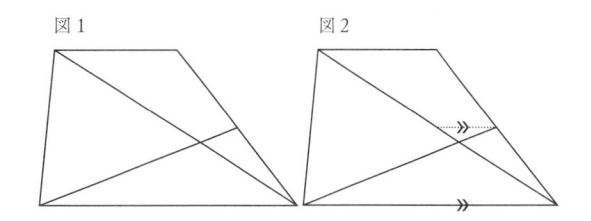

点線の補助線を引くことで、山型相似が1組と×型相似が1組できました。

慣れてきたら、補助線は頭の中で引くようにしてください。

＊なお、ここでは扱いませんが、三角形の内部にこのような補助線を引いて得られる性質が、有名な「メネラウスの定理」と「チェバの定理」です。

22 相似の発見①

（☞解答：別冊23ページ）

次のそれぞれの図で、x と書かれた部分の長さを求めなさい。

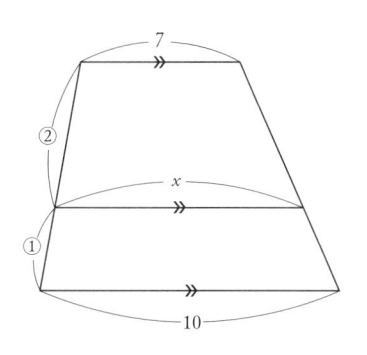

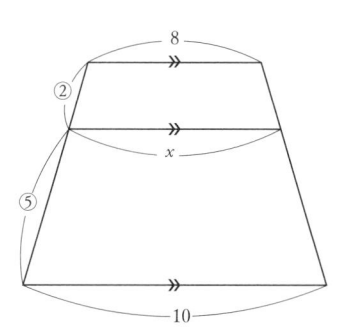

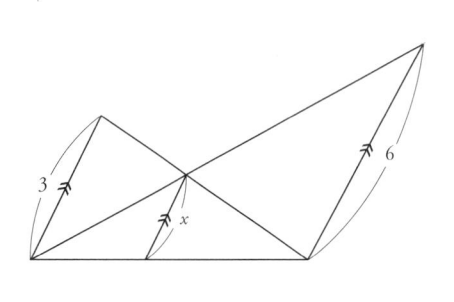

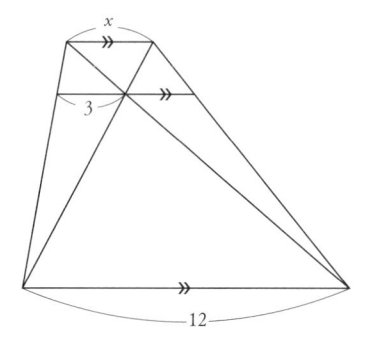

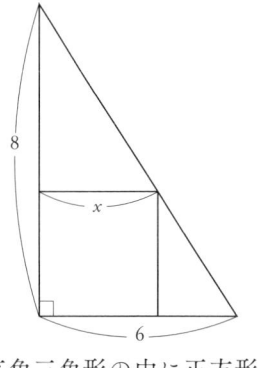

1

2

3

4

5

直角三角形の中に正方形

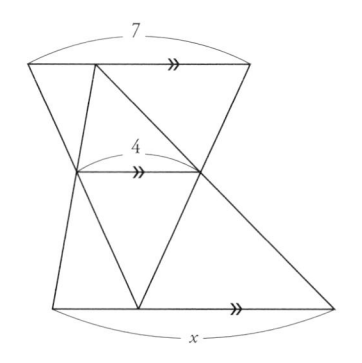

6

● ポイント

㊻ 台形の中の平行線

左ページの $\boxed{1}$、$\boxed{2}$ がこの形をしています。よく見られる形です。

図1のように補助線を引いて、2つの山型相似をつくるか、図2のような補助線を引いて平行四辺形と1つの山型相似をつくります。

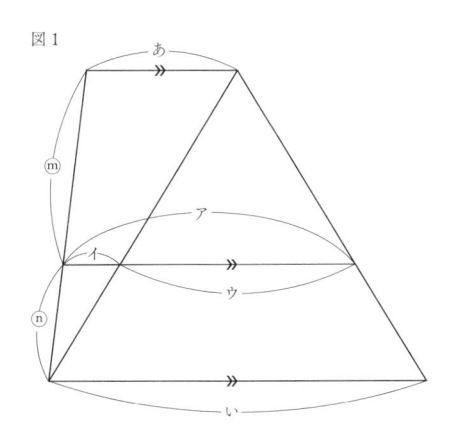

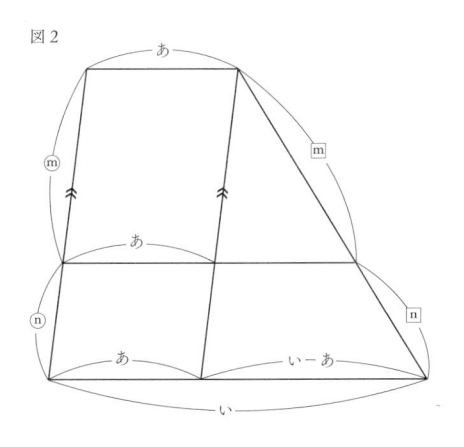

図1

図2

公式をつくってみると、

$$ア = イ + ウ = あ \times \frac{n}{m+n} + い \times \frac{m}{m+n}$$

となります。

㊼ 平行線3本の形

$\boxed{3}$ の形です。この形は、$\boxed{4}$ のなかにも隠れていることに注意しましょう。

この形には、山型相似が2組、×型相似が1組隠れています。

問題はこれで解けるのですが、実は、アとイとウの間には、次のような関係があります。

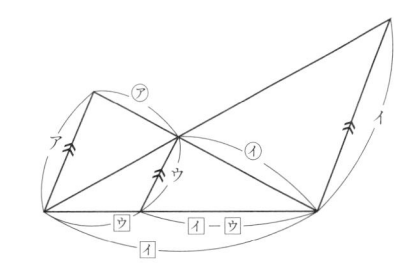

① $\quad ウ = ア \times \dfrac{イ}{ア+イ} = \dfrac{ア \times イ}{ア+イ}$

② $\quad ア = イ \times \dfrac{ウ}{イ-ウ} = \dfrac{イ \times ウ}{イ-ウ}$

注：実は、$\dfrac{1}{ウ} = \dfrac{1}{ア} + \dfrac{1}{イ}$ になっています。

ちなみに、$\boxed{5}$ や $\boxed{6}$ の場合にも似たような関係が成り立っています。

たとえば $\boxed{5}$ で、$\dfrac{1}{x} = \dfrac{1}{6} + \dfrac{1}{8}$ になっています。

23 | 相似の発見②

(☞解答：別冊24ページ)

次のそれぞれの図で、xと書かれた部分の長さを求めなさい。

1

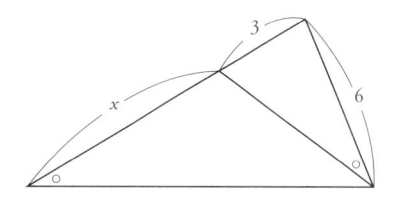

2

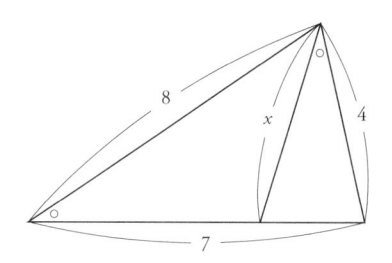

3

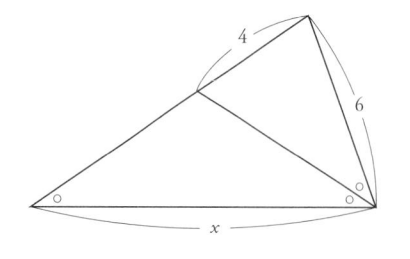

4

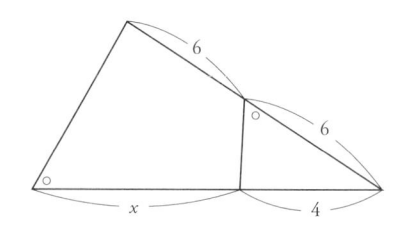

5

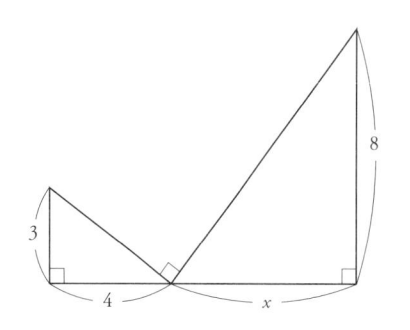

6

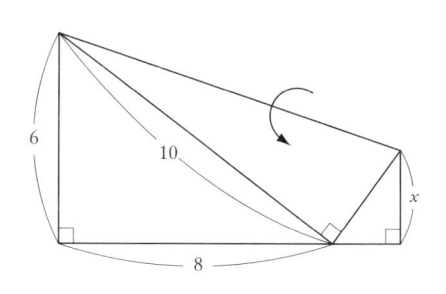

長方形を折り返した形

㊻ 裏返しの相似

①図1で三角形 BCA と三角形 BAD が相似
②図2で三角形 BCA と三角形 BED が相似

図1

図2

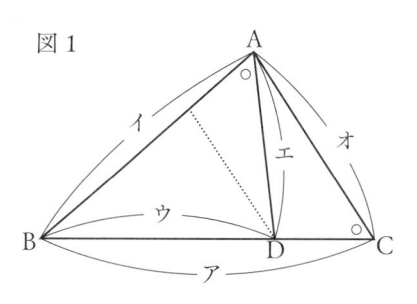

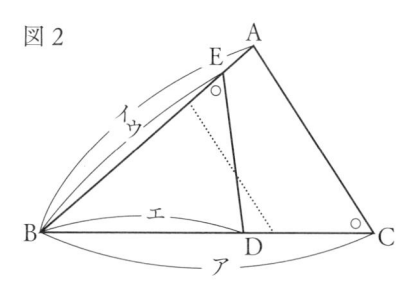

図1、2で、それぞれ三角形 BAD、BED を裏返しにして貼りつけると（BAD、BED を切り抜いて、裏返しにして貼りつける要領）、それぞれ下図の BA'D'、BE'D' になります。

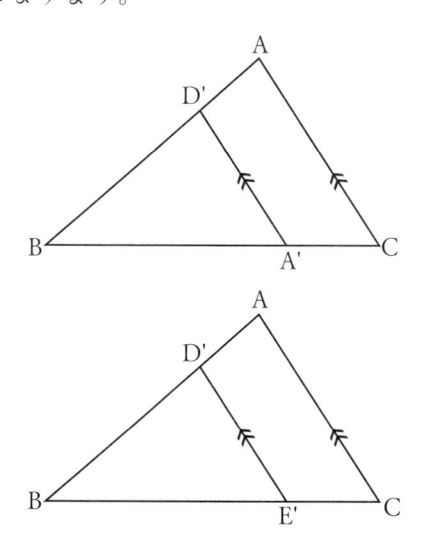

これは、どちらも山型相似になっています。これを裏返しにしたという意味で、ここでは（正式な言葉ではないですが）、このタイプの相似を「裏返しの相似」と呼んでいます。

図1では、ア：イ＝イ：ウ、イ：ア＝エ：オから、
③ア×ウ＝イ×イ
④イ×オ＝ア×エ
が成り立ちます。

図2では、ア：イ＝ウ：エより、
⑤ア×エ＝イ×ウ　が成り立ちます。

いずれも図でよく見て、自分で導けるように目で追いながら、確かめておいてください。

㊼ 並びの積は、たての積

下図で、三角形 ABC と三角形 CDE は相似。対応する辺の比をとって、
　ア：ウ＝エ：イ　より、
　ア×イ＝ウ×エ

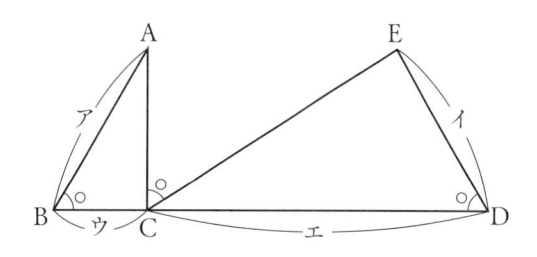

○印の角度が60°や90°の場合がよくあらわれます。⑤、⑥がこの形です。

24 | 直角三角形と相似

（☞解答：別冊 25 ページ）

次のそれぞれの図形で、x と書かれた部分の長さを求めなさい。

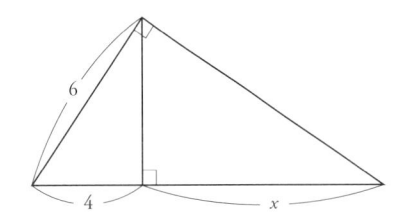

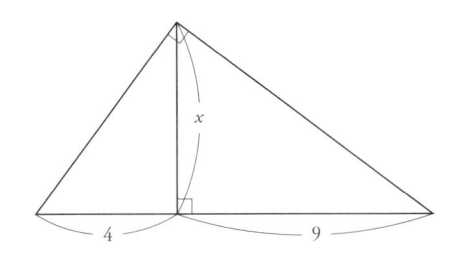

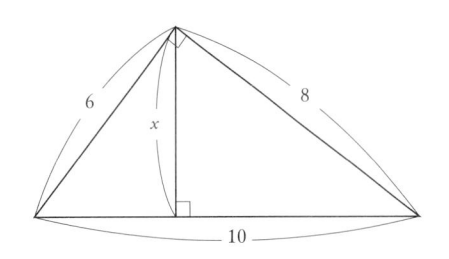

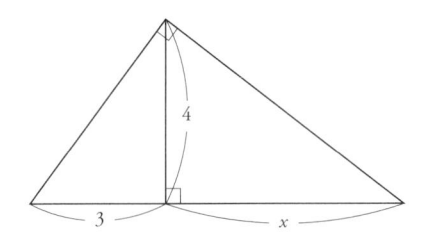

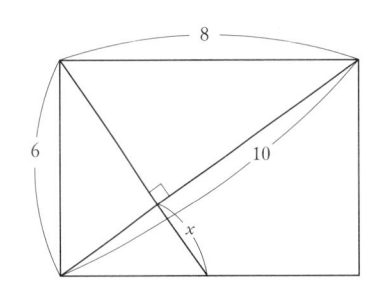

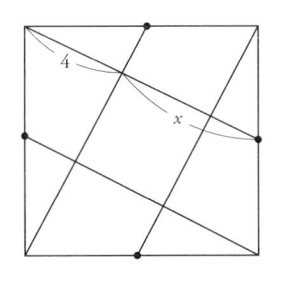

1

2

3

4

5

6

正方形

● ポ イ ン ト

(71) 直角三角形の直角の頂点から斜辺に垂線を引いた図形の性質

下の図は角 A が直角の直角三角形 ABC の頂点 A から斜辺に垂線 AD を引いた形です。

この形では、次のことを確認しておきましょう。

①角度について、ア＝イ（どちらも 90°－ウ）。同じように、ウ＝エ。

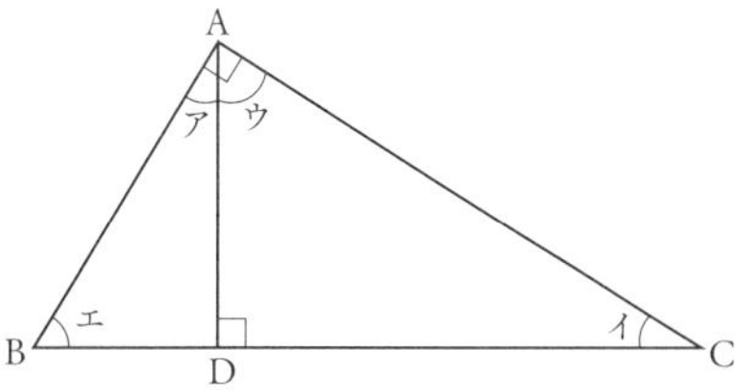

②三角形 ABC、三角形 DBA、三角形 DAC はみな相似（3 つの角度が同じ）。三角形 DBA と三角形 ABC はポイント(69)の「裏返しの相似」の形になっている。

③辺の比をとって考えると、

$$BA \times BA = BD \times BC$$
$$CA \times CA = CD \times CB$$

④左の三角形と右の三角形で、直角をはさむ辺の長さの比をとると、

$$DB : DA = DA : DC$$

よって、 $DB \times DC = DA \times DA$

⑤ $AB \times AC = BC \times AD$（どちらも三角形 ABC の面積の 2 倍です）

⑥ $BA \times BA : CA \times CA = BD : CD$（③から導かれます）

これらが自由に使いこなせるようになることが、左ページの問題の課題です。

(72) 角の二等分線の性質

次の図 1 では、AB：AC ＝ BD：CD が成り立ちます。

これは、下図 2 のように、平行な補助線を引いて×型相似をつくると、三角形 CAE が二等辺三角形になり、

AB：AC ＝ AB：CE
　　　　＝ BD：CD

になることからわかります。

（この項目は左ページの問題には関係ありませんが、あわせて知っておきましょう）

図 1

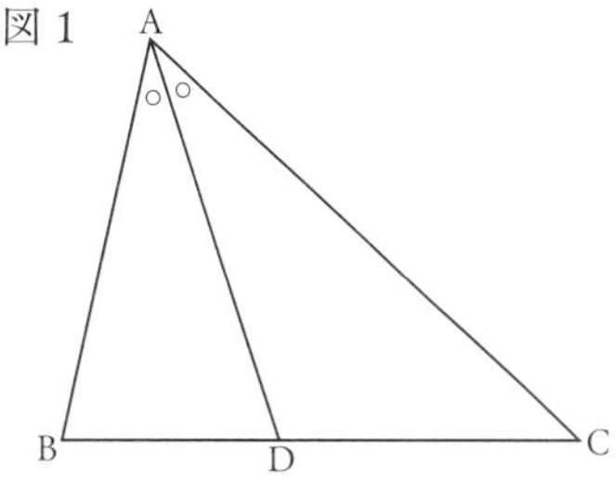

図 2

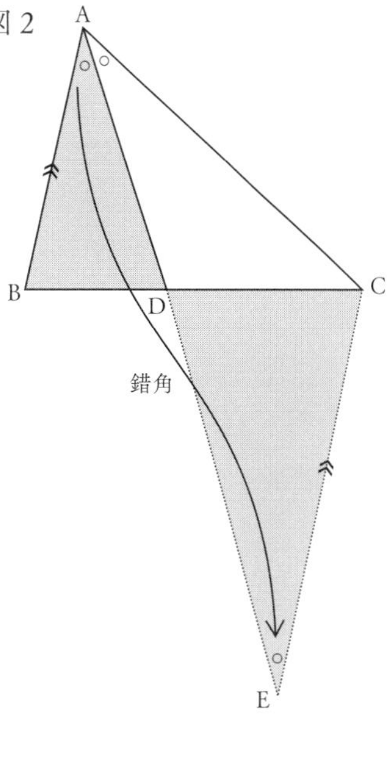

25 | 特別な図形と対称性

（☞解答：別冊 26 ページ）

次のそれぞれの図形で、色のついた部分があるものは角度あるいはその面積を、x と書いてあるものはその長さを求めなさい。

1

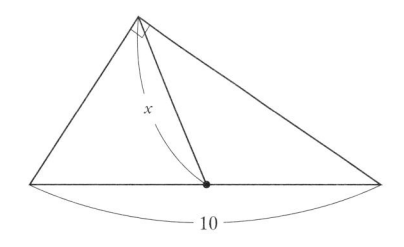

2

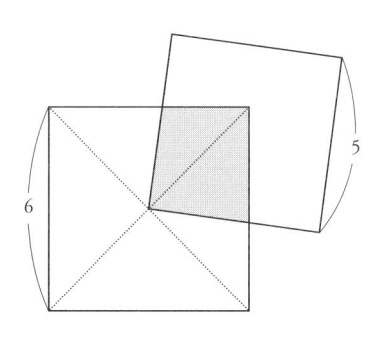

正方形2つ

3

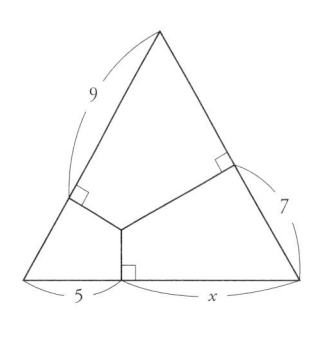

正三角形

4

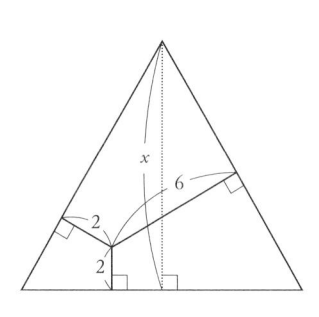

正三角形

5

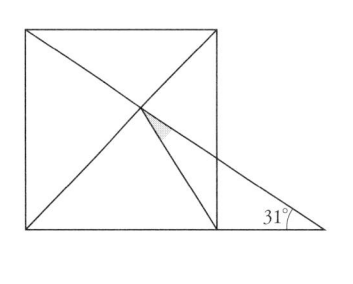

正方形

6

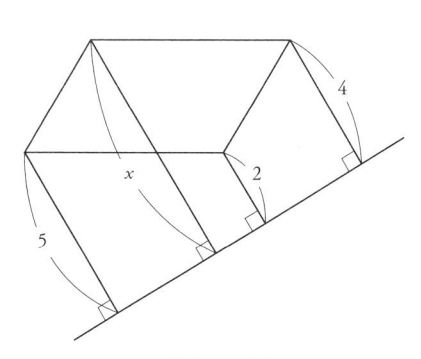

平行四辺形

● ポイント

㊷ 直角三角形の斜辺の中点

直角三角形の斜辺の中点（下図1のM）から、3つの頂点A，B，Cまでの距離はみな同じです。

図2のように線をのばして長方形を復元してみるとその意味がよくわかりますね。

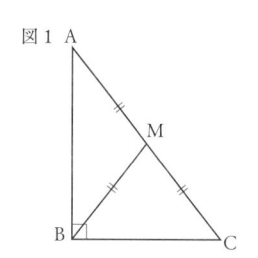

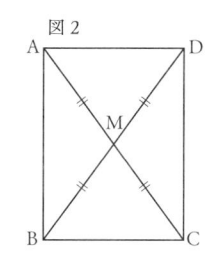

㊹ 正三角形の性質（1）

下の図で、BD＋CE＋AF は、○×△□◎● が1つずつの和ですから、正三角形の周全体（○×△□◎● が2つずつ）の半分の長さになります。

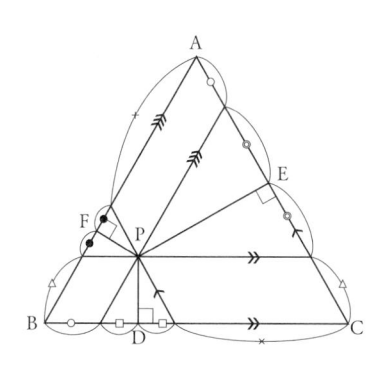

㊺ 正三角形の性質（2）

次の図で、正三角形の一辺の長さをaとすると、

① a×ア＋a×イ＋a×ウ
② a×エ

は、どちらも正三角形の面積の2倍です。
そこで両者をくらべると、
　　ア＋イ＋ウ＝エ
になります。
（なお、詳細は省略しますが、長さを適当に移して、ア＋イ＋ウ＝エを示す方法もあります）

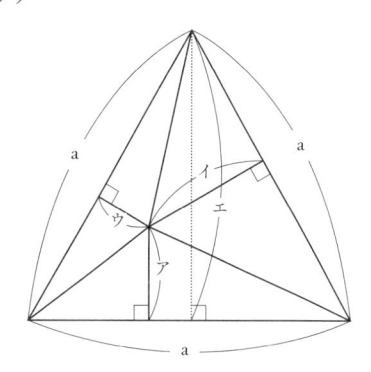

なお、問題2、5、6は、いずれも対称性に関係のある問題です。正方形や平行四辺形（実は正方形は平行四辺形の一種）の対角線の交点が、平行四辺形の点対称の中心であることや、正方形の対角線が正方形の線対称の軸であることを考えると（直感的に把握していると）、問題が解きやすいでしょう。

26 | 線分比と面積比①

（☞解答：別冊27ページ）

次のそれぞれの図形で、①、③、④は色のついた部分の面積が全体の何分のいくつであるかを求めなさい。②は色のついた部分の面積を求め、⑤、⑥は線分比 $x:y$ を求めなさい。ただし、⑤で2つの区画の面積は等しく、⑥で、6つの区画の面積はすべて等しいものとします。

①

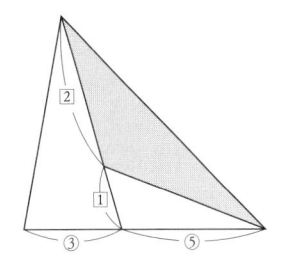

②

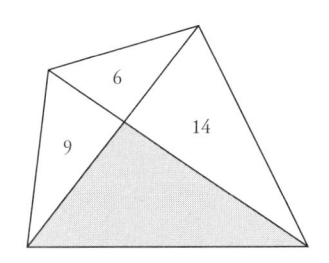

③

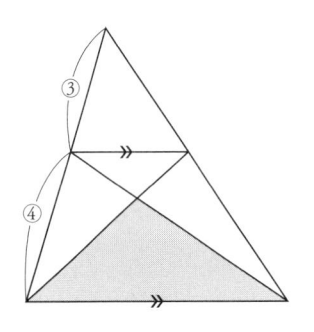

④

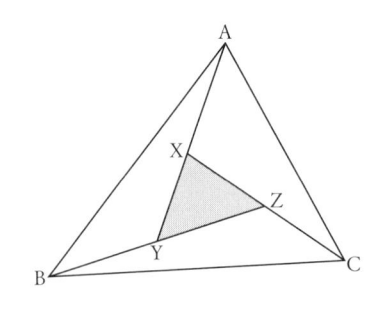

X は AY の、Y は BZ の、Z は CX の中点

⑤

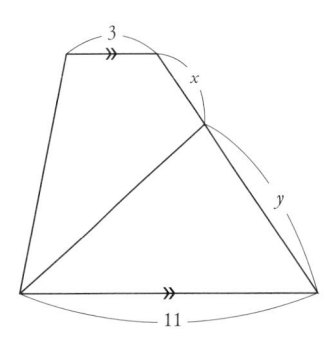

⑥

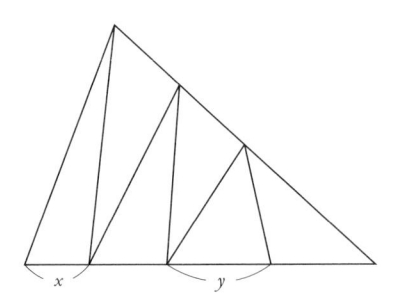

● ポイント

⑦⑥ 高さが等しい三角形の面積比は底辺の長さの比

下図で、三角形 ABD の面積を S、三角形 ACD の面積を T とするとき、
S：T ＝ BD ×高さ÷2：CD ×高さ÷2
　　＝ BD：CD（図のア：イ）

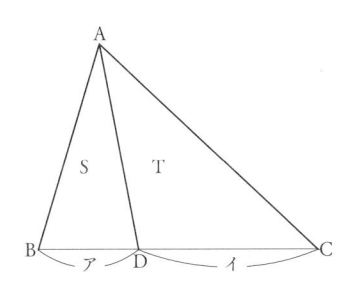

このように、この形では面積比がわかれば底辺の長さの比がわかるし、底辺の比がわかれば面積比もわかります。両者は連動しているからです。

面積比では、これがもっとも大切なポイントになります。

⑦⑦ 台形と面積比

下図の台形（図1、2）で、左（S）：右（T）の面積の比はそれぞれ、
① 図1　（ア＋イ）：（ウ＋エ）
② 図2　オ：カ

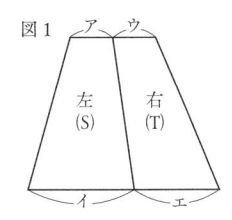

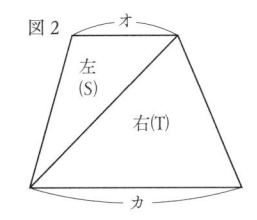

これは、台形（三角形）の面積公式からすぐに出ます（「×高さ÷2」の部分を省けばよい）。

⑦⑧ ⑦⑥の複合形（1）

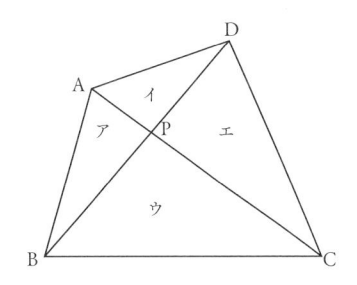

下図で、ア：ウ＝イ：エ（＝ AP：CP）
よって、ア×エ＝ウ×イ

⑦⑨ ⑦⑥の複合形（2）

下図で、
（ア＋イ）：（ウ＋エ）＝ AP：CP

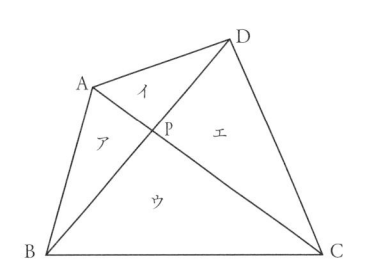

もちろん、実際の面積を出したりするときはこうしたものを「分数倍」の形で使います。

たとえば、（ア＋イ）が 8cm² で、AP：CP が 2：7 ならば、（ウ＋エ）の面積は、
$8 \times \dfrac{7}{2}$ で、28cm² とするわけです。

27 | 線分比と面積比②

（☞解答：別冊28ページ）

次のそれぞれの図形について、色のついた部分の面積が全体の面積の何分のいくつかを求めなさい。

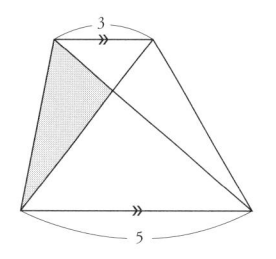

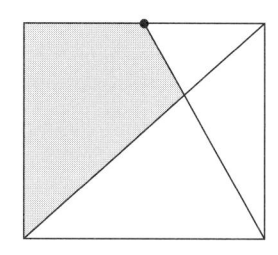

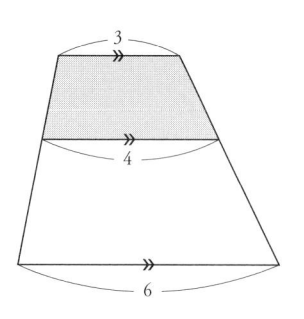

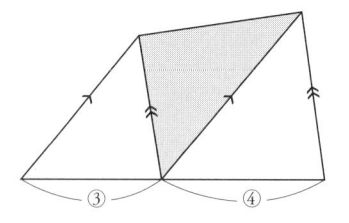

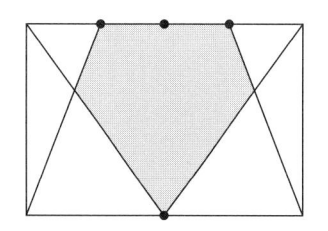

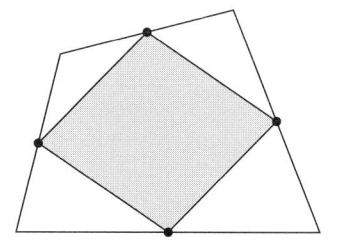

1

2

3

4

5

6

● ポイント

⑧⓪ ⑦⑥ の複合形 (3)

下図で、
(ア＋イ)：(ウ＋エ) ＝ BD：CD
　　　　　イ：エ ＝ BD：CD
よって、ア：ウ ＝ BD：CD

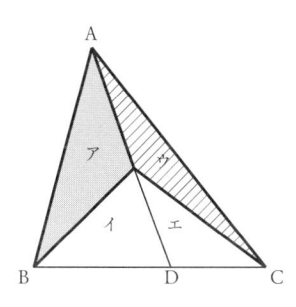

⑧① ⑦⑥ の複合形 (4)

下図で、ア：イ ＝ AP：PD
　　　　ウ：エ ＝ AP：PD
これらをあわせて、
　(ア＋ウ)：(イ＋エ) ＝ AP：PD
面積については、

$$\frac{三角形 PBC}{三角形 ABC} = \frac{PD}{AD}$$

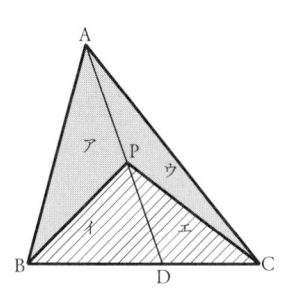

⑧② 相似な三角形の面積比は、相似比（長さの比）を2回かける

長さの比（相似比）が、a：b である2つの三角形の面積の比は、
　　a×a：b×b
になります。
なぜならば、底辺も ⓐ：ⓑ、高さも ⓐ：ⓑ になっているので、
　　ⓐ×ⓐ÷2：ⓑ×ⓑ÷2
となるからです。
ちなみに、下の図で三角形 ABC と三角形 ADE の面積の比は、9×9：7×7 で、81：49 です。

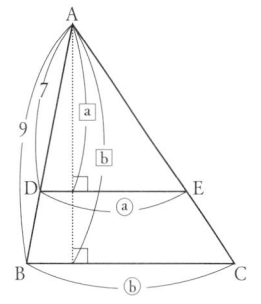

⑧③ 台形を対角線で4分割した形の面積比

下図は台形を2本の対角線で4つに分割した形です。上底と下底の長さの比をア：イとするとき、各区画の面積の比は、図に書きこんだようになります。

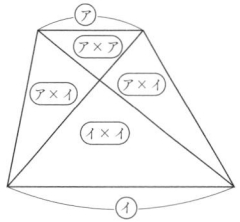

また、全体は (ア＋イ)×(ア＋イ) にあたります。頭の中ですばやく各区画に比を書きこめるようにしておけるとよいでしょう。

28 │ 線分比と面積比③

（☞解答：別冊 29 ページ）

次のそれぞれの図形で、①〜④については色のついた部分の面積が全体の面積の何分のいくつかを求め、⑤、⑥については $x:y$ を簡単な比で表しなさい。

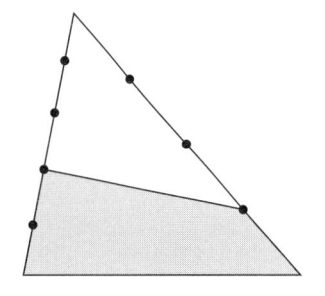

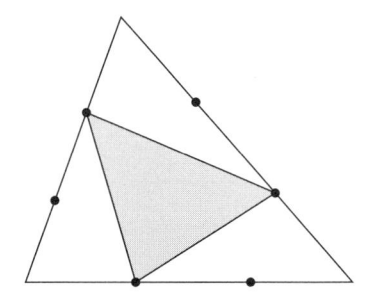

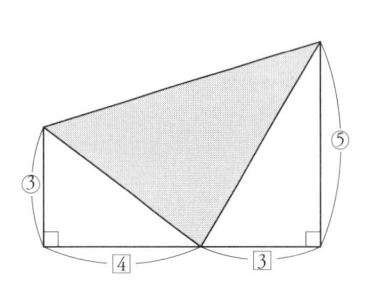

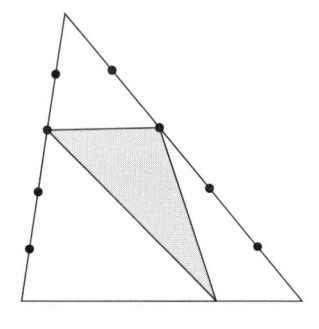

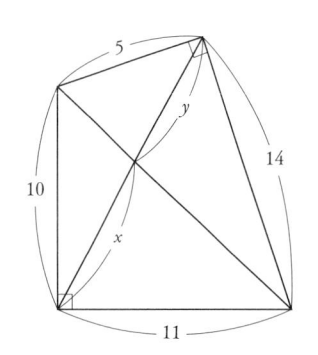

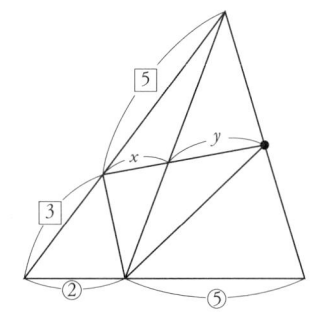

● ポイント

⑭ 底辺の比×高さの比

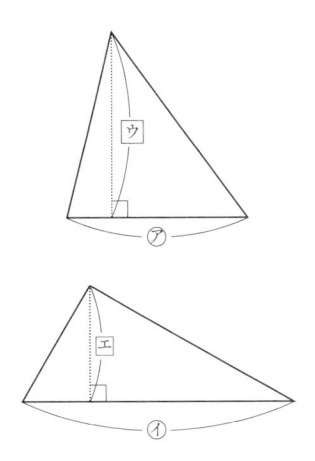

2つの三角形があり、
　底辺の比がア：イ
　高さの比がウ：エ
であるとき、2つの三角形の面積の比は、
ア×ウ：イ×エになります。

　このことは、三角形の面積の公式からしてあたりまえのように感じられるでしょうが、実際に適用しようとすると、左ページの③、④のように、どのように適用するかは意外と難しいものです。

⑮ 1つの角が等しい2つの三角形の面積比

　下の図で、三角形 ABC と三角形 ADE は、角 A が共通です。

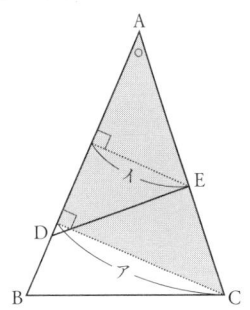

　この2つの三角形の面積の比は、
　　AB × AC：AD × AE
のように、共通な角度○をはさむ2つの辺をかけた値の比になっています。

　これは、それぞれの三角形の底辺を AB, AD とみたとき、高さが図のアとイになり、図の山型相似（色のついた部分）が発見でき、ア：イが AC：AE に等しくなっていることからわかります。

　左ページの問題のうち、⑤、⑥のポイントは、71ページの㉗にすでに書いてあります。

　また、⑮にからんだやや難しいポイントですが、足すと180°になるような角を持つ2つの三角形（下図）では、2つの三角形の面積の比はやはりそれらの角度をはさんだ2辺の長さの積の比に等しくなります。

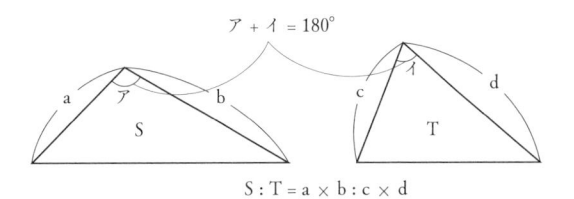

$$S : T = a \times b : c \times d$$

29 | 合同と移動

（☞解答：別冊 30 ページ）

次のそれぞれの図形について、x と書かれた部分の長さを求めなさい。

1

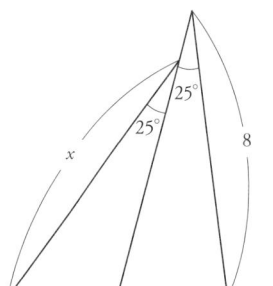

2

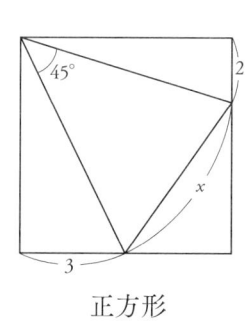

3

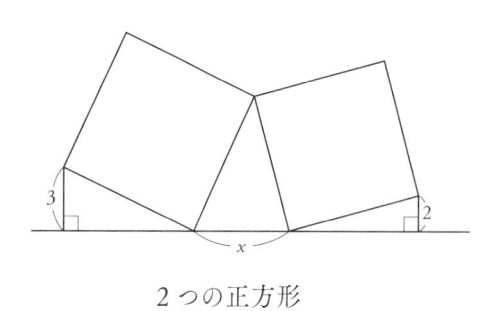

2つの正方形

4

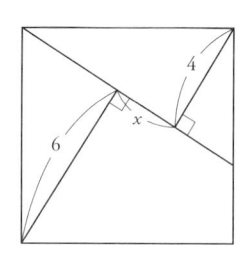

正方形

5

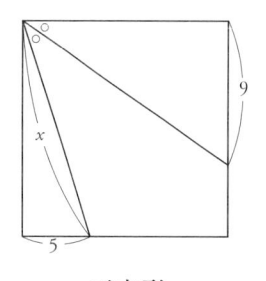

正方形

6

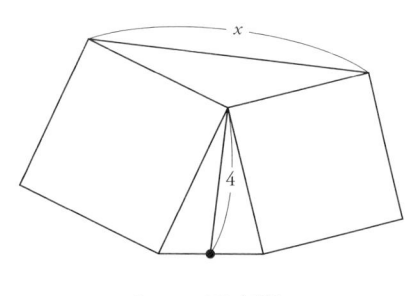

2つの正方形

●ポイント

⑧⑥ 合同条件

2つの三角形について、形も大きさも同じとき、2つの三角形は「合同」だといいます。

2つの三角形が、次のうちのどれかにあてはまっていれば合同です。
① 3つの辺の長さが同じ（三辺相等）
② 2つの辺の長さとそれらの辺のはさむ角度が同じ（二辺挟角相等）
③ 1つの辺の長さとそれらの辺の両側の角度が等しい（一辺両底角相等）

⑧⑦ よくある合同の形（いずれも太枠部分と色のついた部分が合同）

左右対称形
（例）・二等辺三角形がらみなど

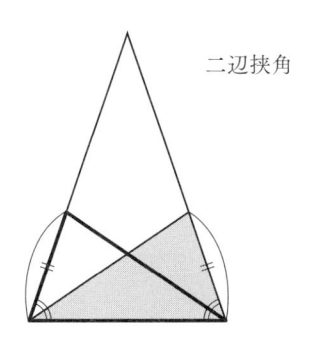

　　　　　　　　　二辺挟角

・正方形や正三角形がらみ

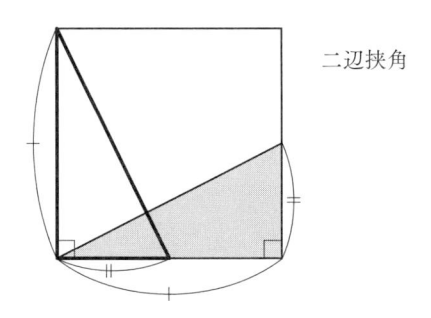

　　　　　　　　　二辺挟角

・2つの正方形が1頂点で重なる形

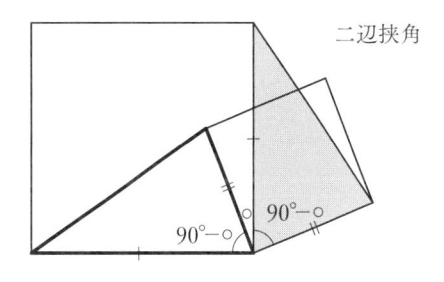

　　　　　　　　　二辺挟角

　　　　90°－○　90°－○

・直角二等辺三角形がらみ

　　　　　　　　　一辺両底角

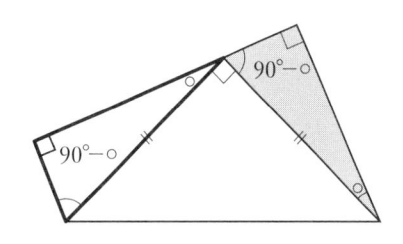

　　　　　　　　　90°－○

　　　90°－○

上の4つの例は、むしろよくある例で、左ページの問題のうち③、④は直角二等辺三角形がらみの応用です。

ほかの問題はややひねったものですが、おもしろいのでよく知られたものばかりです。

30 | 30°、60°、45°をテーマとした問題 （☞解答：別冊 31 ページ）

次のそれぞれの図形で、色のついた部分の面積または角度（2つある場合はその和）を求めなさい。

1

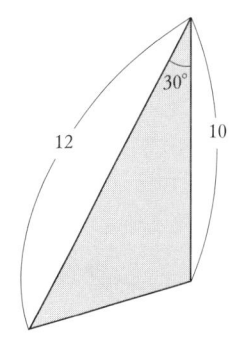

2

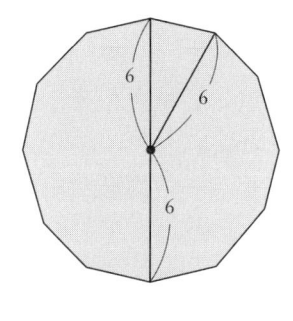

正十二角形

3

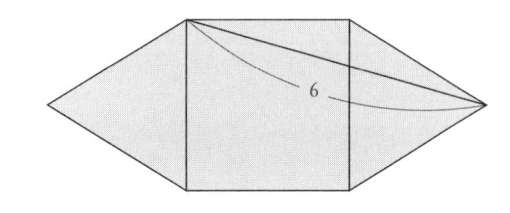

2つの正三角形と正方形

4

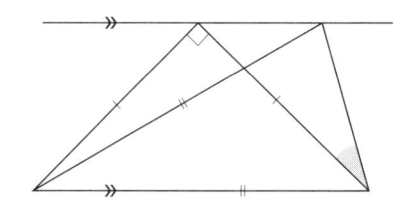

直角二等辺三角形

5

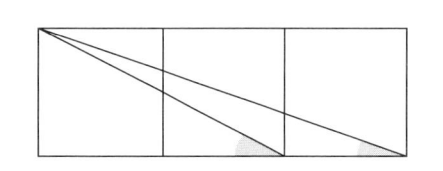

3つの正方形

6

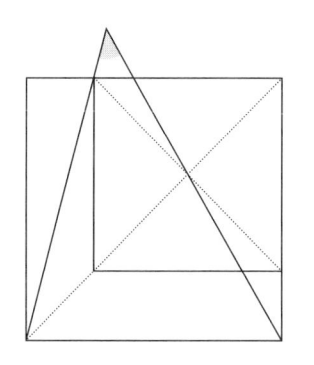

2つの正方形

● ポイント

(88) 三角定規の形

3つの角度が30°、60°、90°の三角形は、正三角形の半分であり、斜辺（直角の向かい側にある辺でもっとも長い辺）と一番短い辺の長さの比は2：1です。

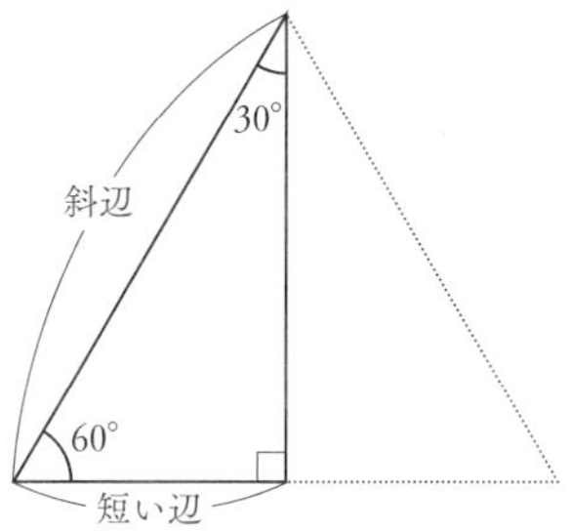

2：1となるのは、正三角形を復元して考えてみればすぐにわかるでしょう。

30°が出てくる三角形の問題では、垂線を引いて、この形をつくることが1つのポイントになります。

左ページの問題のうち、3～6はやり方をあらかじめ知らなければ、かなりの難問です（それぞれ、知る人ぞ知る有名な形です）。

地頭力も合格力も鍛える
最強ドリル 図形

発行日　2010年2月15日　第1刷

Author　　　　栗田哲也

Book Designer　阿部美樹子 (気戸)

Publication　　株式会社ディスカヴァー・トゥエンティワン
〒102-0074　東京都千代田区九段南2-1-30
TEL　03-3237-8321（代表）
FAX　03-3237-8323
http://www.d21.co.jp

Publisher　　干場弓子
Editor　　　三谷祐一

Promotion Group Staff
小田孝文　中澤泰宏　片平美恵子　井筒浩　千葉潤子
飯田智樹　佐藤昌幸　鈴木隆弘　山中麻吏　空閑なつか
吉井千晴　山本祥子　猪狩七恵　山口菜摘美　古矢薫
日下部由佳　鈴木万里絵　伊藤利文

Assistant Staff
俵敬子　町田加奈子　丸山香織　小林里美　井澤徳子
古後利佳　藤井多穂子　片瀬真由美　藤井かおり
福岡理恵　上野紗代子

Operation Group Staff
吉澤道子　小嶋正美　小関勝則

Assistant Staff
竹内恵子　熊谷芳美　清水有基栄　鈴木一美
小松里絵　濱西真理子　川井栄子

Creative Group Staff
藤田浩芳　千葉正幸　原典宏　篠田剛　石橋和佳　大山聡子
田中亜紀　谷口奈緒美　大竹朝子　河野恵子　酒泉ふみ

DTP　　　　　タクトシステム株式会社
Proofreader　冨田久美子　株式会社文字工房燦光
Printing　　　日経印刷株式会社

・定価はカバーに表示してあります。本書の無断転載・複写は、著作権法上での例外を除き禁じられています。インターネット、モバイル等の電子メディアにおける無断転載等もこれに準じます。
・乱丁・落丁本は小社「不良品交換係」までお送りください。送料小社負担にてお取り換えいたします。

ISBN978-4-88759-797-6
Ⓒ Tetsuya Kurita, 2010, Printed in Japan.

地頭力も合格力も鍛える
最強ドリル 図形

解答

解答 1. マス目の数を数える

[1] 「重なり」がテーマ。単純に 16 を 2 つ足してから重なっている 2 個を引きます。

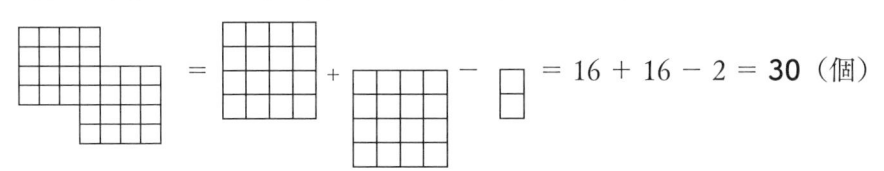

= + − = 16 + 16 − 2 = **30**（個）

[2] いろいろな方法があります。周期性（繰り返し）に注目すると、

= 8 × + 1 = 8 × 3 + 1 = **25**（個）

↘ の方向に左から区切っていけば、2 + 3 × 7 + 2 = 25（個）
上の段 8 個と中の段 9 個と下の段 8 個を足せば、8 + 9 + 8 = 25（個）

[3] 1 + 2 + 3 + 4 + 5 + 6 = 21（個）として無論よいのですが、こうした計算のポイントは「逆向きにくっつけて長方形にする」こと。

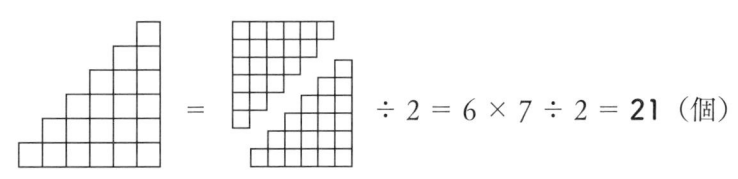

= ÷ 2 = 6 × 7 ÷ 2 = **21**（個）

[4] 上の段から整理して数えて、1 + 3 + 5 + 7 + 9 + 11 = 36（個）としてもよいのですが、ここでは一部分を切り取ってはめ込んでみます。

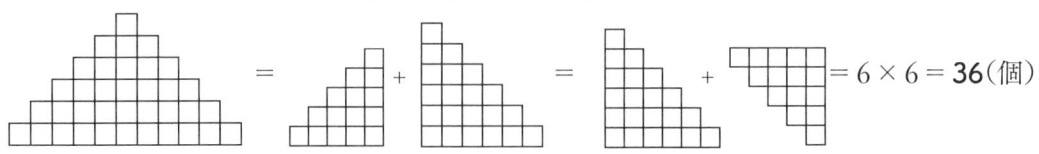

= + = + = 6 × 6 = **36**（個）

[5] 基本的には、やり方は 2 つあります。

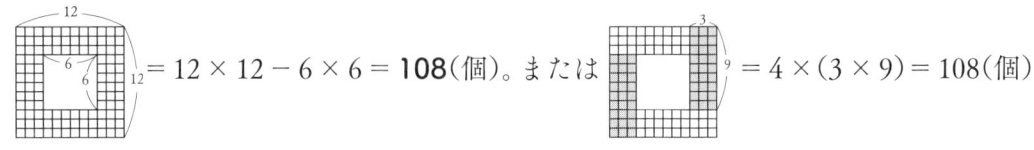

= 12 × 12 − 6 × 6 = **108**（個）。または = 4 ×（3 × 9）= **108**（個）

[6] これもいろいろな方法がありますが、次は代表的な方法。「カタマリ」で考えます。

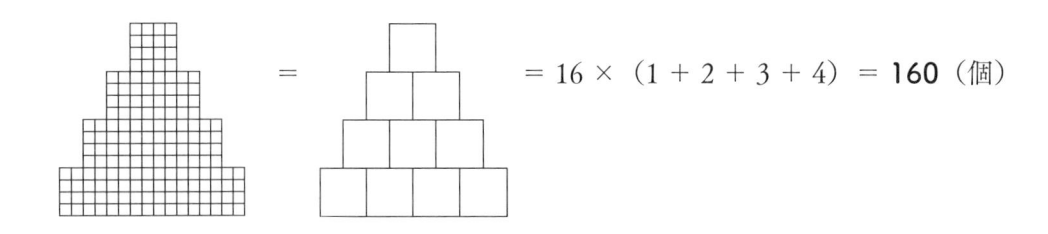

= = 16 ×（1 + 2 + 3 + 4）= **160**（個）

2. 外側の周の長さは何 cm？

1　周の長さが同じ長方形の枠をつくります。
　　右図のようにしてから周の長さを求めると、
　　　2 × (12 + 10) = **44** (cm)

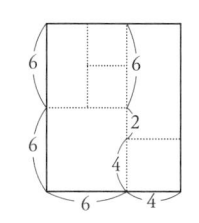

2　「規則性」がポイントです。1枚目の正方形の周の長さは 4 × 4 で 16 (cm)。
　　2枚目からは、8 cm ずつ長くなります。
　　　16 + 3 × 8 = **40** (cm)
　　注：長方形の枠をつくってもよい。

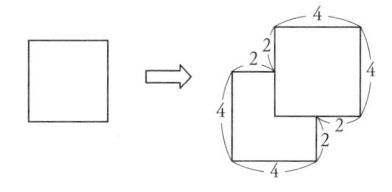

3　「重なり」がポイントです。ばらばらにしてから周の長さの合計を求めると、
　　　4 × 9 + 4 × 5 = 56 (cm)
　　それぞれ、重なっている（くっついている）4cm が外側に出ていないので、
　　　56 − 2 × 4 = **48** (cm)

4　周の長さが同じ長方形の枠をつくります。
　　すると、右図のようになるので、
　　　2 × (10 + 21) = **62** (cm)

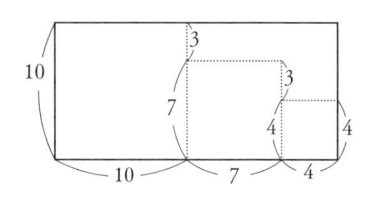

5　右図の周の長さと太線2本の長さを足したものに
　　なります。へこんでいるところで、長方形の周に
　　比べて何cm増えるかを見抜くのがポイントです。
　　　2 × (30 + 26) + 2 × 6 = **124** (cm)

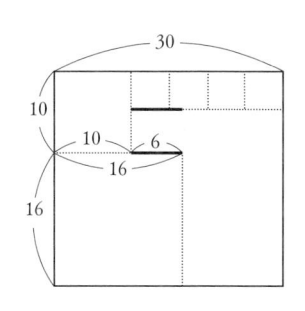

6　右図の周の長さと、太線8本の長さを足したもの
　　になります。
　　　4 × 10 + 2 × 8 = **56** (cm)

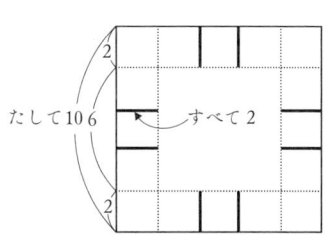

解答　　3. 引かれた線の長さは？

[1]　たてと横に分類して考えます。
　　たては、右図のように、$4 \times 5 = 20$（個分）。
　　横も同じように20（個分）なので、$2 \times 20 = $ **40**（個分）。

[2]　[1]が2セットありますが、右図の太線の4本分が
　　重なっています。そこで、$2 \times 40 - 4 = $ **76**（個分）。

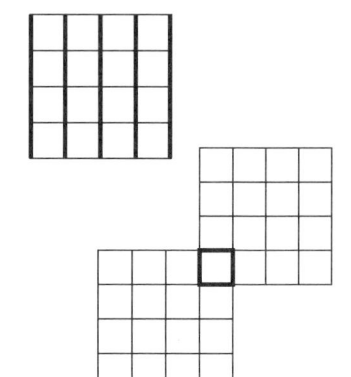

[3]　図1で、色のついた三角形の周の長さを求めればよい
　　のです。色のついた三角形は15個あるので、
　　　$3 \times 15 = $ **45**（個分）。
　　あるいは、図2で太線の長さを求めて、
　　↘↗の方向にも、これと同じだけ線が
　　あると考えて、
　　　$3 \times (1 + 2 + 3 + 4 + 5) = $ **45**（個分）

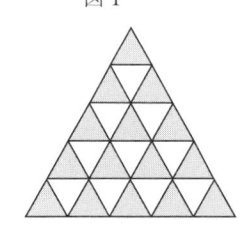

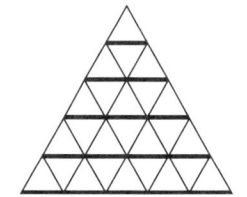

[4]　基本はたてと横への分類です。
　　たては右図太線が、$2 + 3 + 4 = 9$（個分）。対称性に注目すると、
　　たてはこれがもう1セットで、横はたてと同じだから、
　　　$4 \times 9 = $ **36**（個分）
　　注：正方形13個をばらばらにして $4 \times 13 = 52$。これからくっついている16個分を引
　　　　いて $52 - 16 = 36$　も有力な方法ですが、この問題の場合にはやや遅いでしょう。

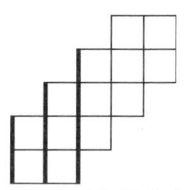

[5]　たては右図太線の2倍で、
　　　$2 \times (1 + 2 + 3 + 4) = 20$（個分）。
　　横は、上から、$1 + 3 + 5 + 7 + 7 = 23$（個分）。
　　あわせて、$20 + 23 = $ **43**（個分）。

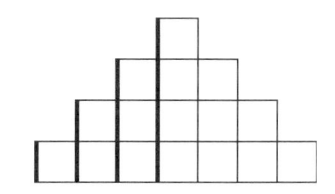

[6]　うずまきの真ん中からたどると、
　　$1 + 1 + 2 + 2 + 3 + 3 + 4 + 4 + 5 + 5 + 6 + 6 + 7$
　　$+ 7 + 8 + 8 + 9 + 9 + 9 = 2 \times (1 + 9) + 2 \times (2 + 8)$
　　$+ 2 \times (3 + 7) + 2 \times (4 + 6) + 2 \times 5 + 9 = $ **99**（個分）。
　　あるいは、どれかの正方形の角になっている点が、
　　$10 \times 10 = 100$ 個あることを思いつけば、この100個の点を
　　一筆書きで結んだのだから、$100 - 1$ で99個のマスを通る
　　ことになります（これは発想が難しい）。

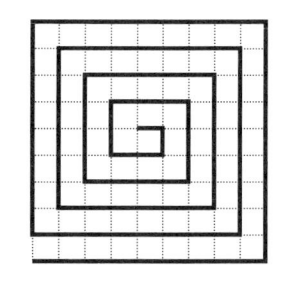

4. 規則的に並ぶ点の個数

[1] これは、上から地道に数えます。
$3 + 4 + 5 + 6 + 7 = 5 \times 5 = $ **25**（個）

[2] 2つの方法があります。
①↘の方向に、左下から右上に区切っていくと、
$1 + 3 + 5 + 7 + 9 + 7 + 5 + 3 + 1 = $ **41**（個）
②右図のように、正方形状に並ぶ $5 \times 5 = 25$（個）の黒点と、$4 \times 4 = 16$（個）の白点とのドッキングに見えればしめたもの。
$25 + 16 = $ **41**（個）

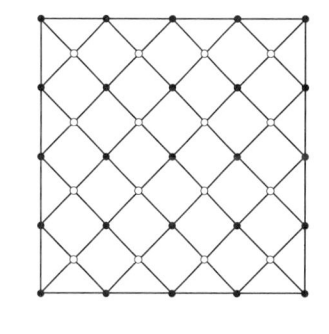

[3] 右図のように、$1 + 2 + 3 + 4 + 5 = 15$（個）の黒点と、$1 + 2 + 3 + 4 = 10$（個）の白点と、$1 + 2 + 3 = 6$（個）の点（×）とのドッキングで、
$15 + 10 + 6 = $ **31**（個）

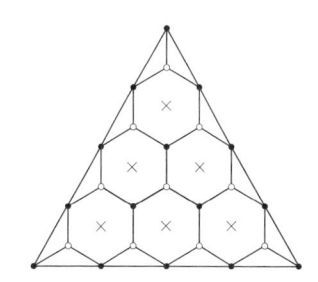

[4] 上から整理すれば、
$4 + 5 + 6 + 7 + 6 + 5 + 4 = $ **37**（個）
右図のように六角形が3つ見えれば、
$1 + 6 \times (1 + 2 + 3) = $ **37**（個）

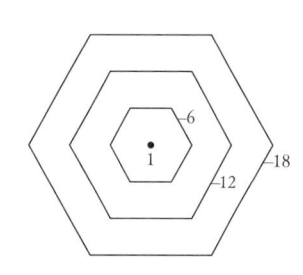

[5] 分類します。
①正方形の角にある点は、$4 \times 4 = 16$（個）
②小さい正方形の1辺の中点は、
3の[1]と同じ数え方で、
$2 \times (3 \times 4) = 24$（個）
あわせて、$16 + 24 = $ **40**（個）

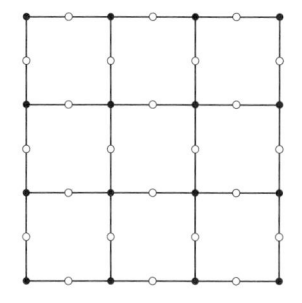

[6] 矢印の方向にそって上から眺めると
（矢印は9個）、
$5 + 5 + 5 + 5 + 5 + 4 + 3 + 2 + 1 = $ **35**（個）
のように規則的に数えられます。
このような数の並びを「五角数」といいます。

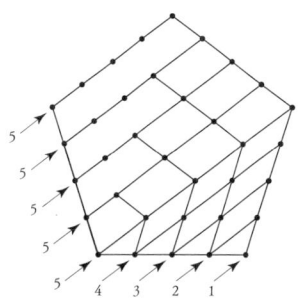

解答　　5. 長方形の面積の何分のいくつ？

1　図1の色のついた部分は全体の$\frac{1}{2}$、図2の色のついた部分はさらにその半分で、全体の$\frac{1}{4}$。

全体を120とすれば、**30**（cm²）。

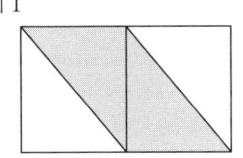

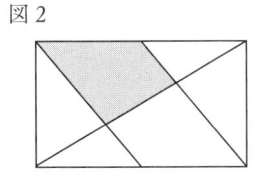

2　図1の色のついた部分は全体の$\frac{1}{4}$、図2の色のついた部分は全体の$\frac{1}{8}$。全体の1からこの2つを引いて、$1-\frac{1}{4}-\frac{1}{8}=\frac{5}{8}$。

全体を120とすれば、**75**（cm²）。

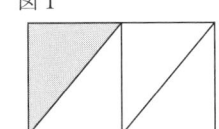

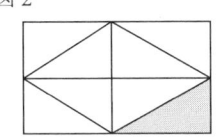

3　最初のうちは、図1のように分けて、$\frac{14}{32}$、つまり$\frac{7}{16}$とします。

上達してきたら、色のついた部分が全体の半分であることがすぐ見えるようになり、その$\frac{7}{8}$だから、$\frac{7}{16}$だとわかるようになります。

全体を120とすれば、**52.5**（cm²）。

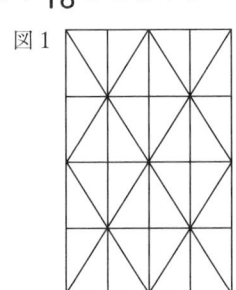

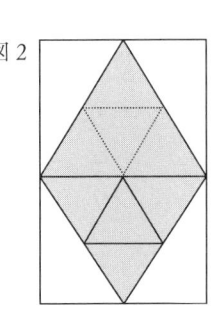

4　ここからは、やや上達してきた人向きの解説をします。
全体を⑧とおいて、各区画の面積を丸数字で図に書きこむと右のようになります。そこで、色のついた部分は全体の$\frac{3}{8}$。

全体を120とすれば、**45**（cm²）。

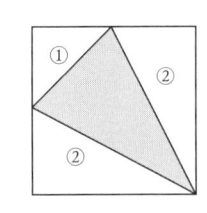

5　右図のように分ければ答えは明らかで、$\frac{3}{8}$。

全体を120とすれば、**45**（cm²）。

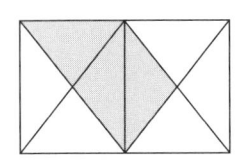

6　上達してくれば全体の半分であることは図を見ただけで明らかですが、ここでは「反則」に近いやり方をします。
仮にたてを4、横を6として、図の中に面積を書きこめば右図のようになります。

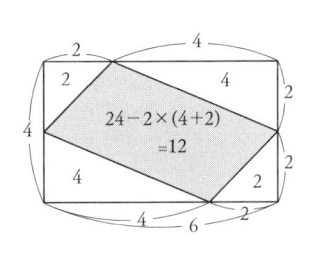

そこで$\frac{12}{24}$となり、答えは$\frac{1}{2}$。反則のようですが、横やたてに適当に引きのばせば、面積はすべて同じ比で変化するので、この手法が使えます。この「反則方式」は、理解して使えば威力はばつぐん！全体を120とすれば、**60**（cm²）。

6. 三角形の面積の何分のいくつ？

1 全体が4つの同じ（合同な）部分に分けられているので、答えは $\frac{1}{4}$。

   全体を120とすれば、答えは 30（cm²）。

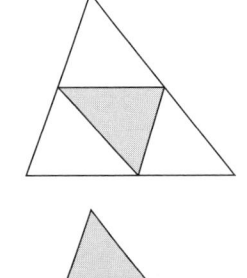

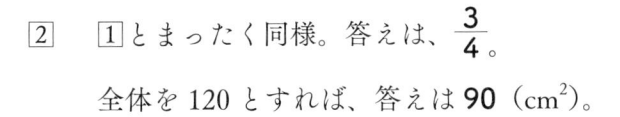

2 1とまったく同様。答えは、$\frac{3}{4}$。

   全体を120とすれば、答えは 90（cm²）。

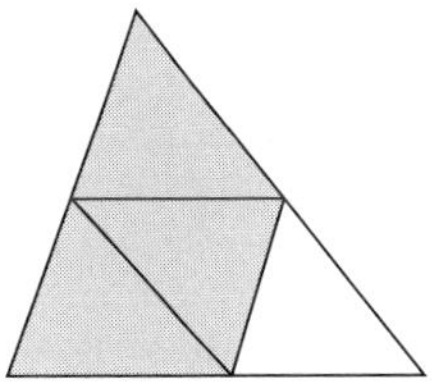

3 右図のように各区画を①で表すと、左下の色のついた部分は②となり、全体は⑧となるので、$\frac{3}{8}$ が答え。

   全体を120とすれば、45（cm²）。

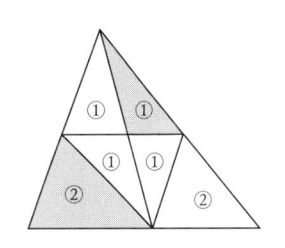

4 全体はまず右図のように3つの面積が等しい三角形に分かれ、さらにそのそれぞれが、1、2のように分かれていることに注意します。そこで全体を⑫とおくと、色のついた3つの部分は左から順に、③、①、③なので、答えは $\frac{7}{12}$。

   全体を120とすれば、70（cm²）。

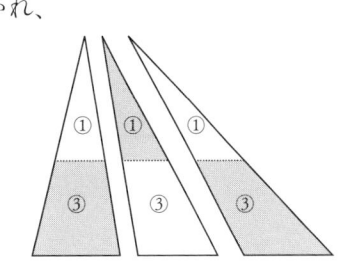

5 全体を右図1のように9等分すれば、答えは $\frac{3}{9}$ を約分して $\frac{1}{3}$。

   図2のように、「逆さまにくっつけ」ても、すぐに $\frac{1}{3}$ がわかります。

   全体を120とすれば、答えは 40（cm²）。

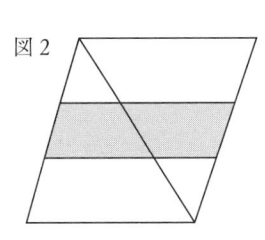

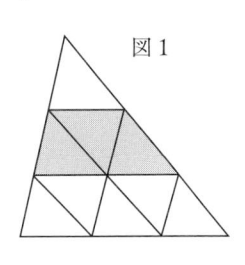

6 全体を9等分する形（5と同じ）だから、右図のように全体を⑨とおいて、各区画に丸数字を書きこむと、右図のようになります。色のついた部分は、太線の六角形の面積の半分だから、③となるので、答えは $\frac{1}{3}$。

   全体を120とすれば、40（cm²）。

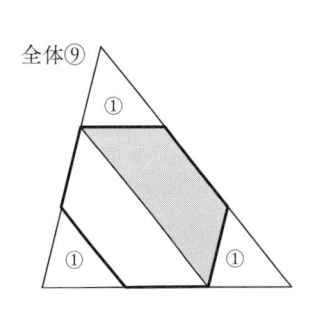

解答　7. 正六角形の面積の何分のいくつ？

1　右図のように斜線部分を濃い色のついた部分に移して考えると、1つの正三角形にまとまり、正六角形の $\frac{1}{6}$ となります。

　全体を120とすれば、**20**（cm²）。

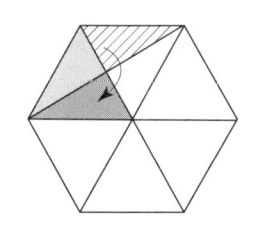

2　全体から、1の図形 $\left(\frac{1}{6}\right)$ を3つ引きます。答えは $\frac{1}{2}$。

　全体を120とすれば、**60**（cm²）。

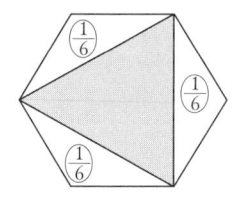

3　全体から、1の図形 $\left(\frac{1}{6}\right)$ を2つ引くので、答えは $\frac{2}{3}$。

　全体を120とすれば、**80**（cm²）。

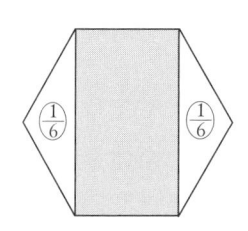

4　まず、図1の色のついた部分は3の半分だから、全体の $\frac{1}{3}$。図2の色のついた部分は、図1の灰色の部分と、底辺も高さも等しい三角形だから面積も同じ。この $\frac{3}{4}$ が図3の斜線部分（全体の $\frac{1}{4}$）。あとは、正六角形の下半分（$\frac{1}{2}$）から、図3の斜線部分（$\frac{1}{4}$）を引いて2で割れば答えが出ます。答えは $\frac{1}{8}$。

　全体を120とすれば、**15**（cm²）。

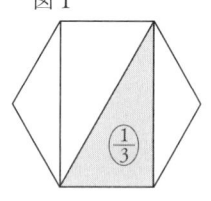

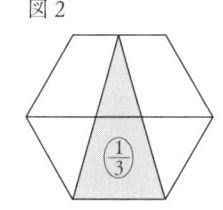

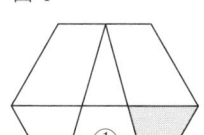

5　全体を右下の図1のように18等分したうちの6個分だから、$\frac{1}{3}$。全体を120とすれば、**40**（cm²）。

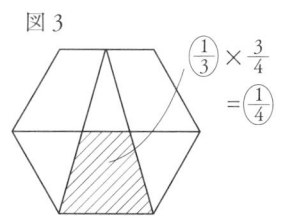

6　全体を右の図2のように24等分したうちの9個分だから、$\frac{3}{8}$。

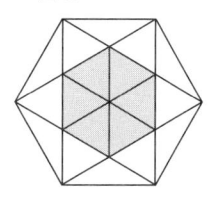

　全体を120とすれば、**45**（cm²）。

　注：どの問題も、別解がたくさんあるので、工夫してみてください。

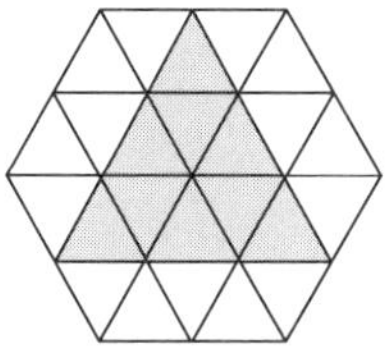

8. 面積を寄せ集める

[1] 道の部分を取り去って、残りを寄せ集めて1つの長方形にすると、
   $12 × 10 =$ **120**（cm²）。

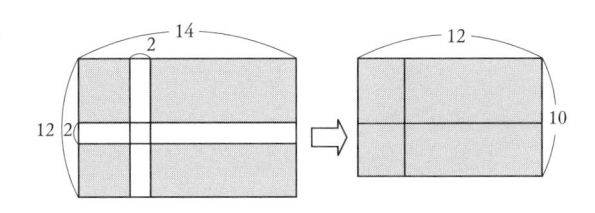

[2] アとイは面積が同じ（底辺と高さが等しい）。同じ理由で、ウとエも面積が同じ（→ポイント㉕）。
   そこで、アをイに、ウをエに取り替えると、全体は1つの正方形になります。
   $6 × 6 =$ **36**（cm²）

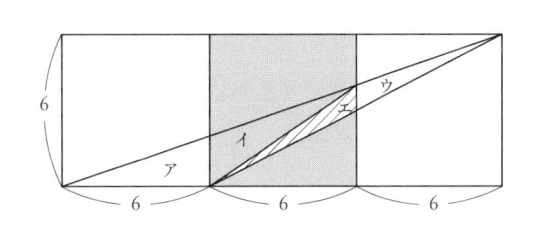

[3] [2]と同様、アとイは面積が同じ（底辺と高さが等しい）。同じ理由で、ウとエも面積が同じ。
   そこで、図2の色のついた部分の面積を考えると、これは30ページの[5]と同じように分割して、全体の $\dfrac{4}{9}$。

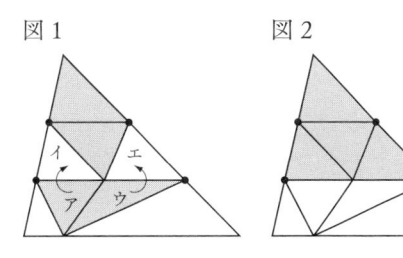

[4] アとイの部分を切り取って、ウとエにはめこめば、全体は1つの直角二等辺三角形になります。
   $4 × 4 ÷ 2 =$ **8**（cm²）

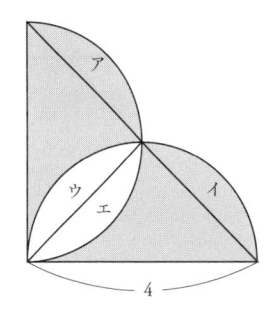

[5] 右図で、アとイとウは面積が等しい。
   そこで、エをオ＋アに移し、カをキ＋クに移したあとで、アをウに移せば、全体は32ページの[3]の半分になります。
   答えは $\dfrac{1}{3}$。

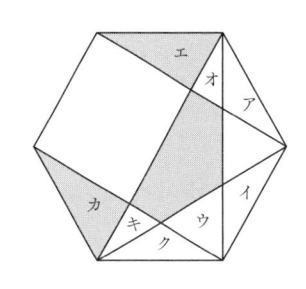

[6] 真ん中の正方形1個分から、正方形の $\dfrac{1}{4}$ を2つ引けばよい。つまり、正方形の半分で、
   $6 × 6 ÷ 2 =$ **18**（cm²）。

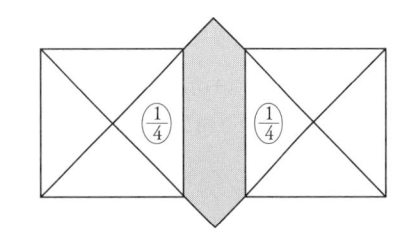

解答　9. 長方形の面積は？

1. 図の色のついた部分の三角形3つは、左から順にそれぞれ、右図の3つの長方形ア、イ、ウの面積の半分になっています。
   だから、全体としても、
   $6 \times 9 \div 2 = $ **27** （cm²）。

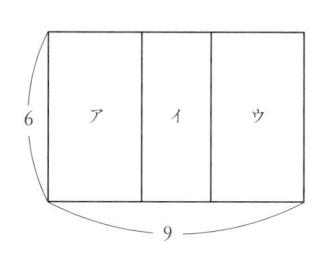

2. アは上側の長方形の半分。
   イは下側の長方形の半分。あわせると、全体の長方形の半分だから、
   $6 \times 8 \div 2 = $ **24** （cm²）。

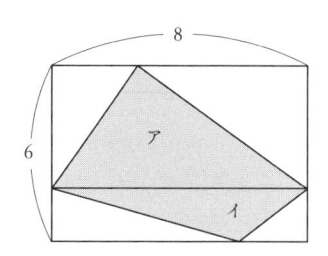

3. 右図のように区切ることで、色のついた部分と斜線部分の面積は同じ（どちらも○×△□が1つずつ）であることがわかります。
   答えは、$9 + 4 - 7 = $ **6** （cm²）。

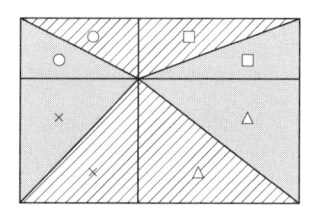

4. 右図の長方形の面積を求めて半分にすればよいので、
   $7 \times 8 \div 2 = $ **28** （cm²）。
   注：対角線が直角に交わる四角形の面積は、この理由で、対角線の長さをかけてから2で割れば出ます。ひし形、正方形はこれにあたります。

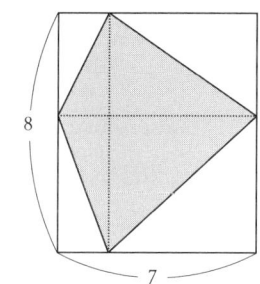

5. ア、イ、ウはそれぞれ左上の長方形、右上の長方形、下側の長方形の面積の半分だから、全体としても色のついた部分の面積は長方形全体の半分。
   よって、$8 \times 10 \div 2 = $ **40** （cm²）。

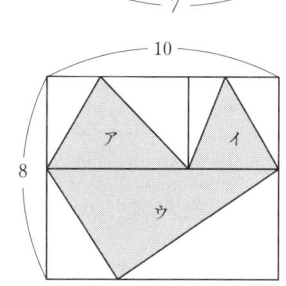

6. ア、イ、ウ、エは、それぞれ左上、左下、右下、右上の太く囲った長方形の面積の半分。そこで、
   ア＋イ＋ウ＋エ＝$(7 \times 10 - 2 \times 2) \div 2 = 33$
   求めたい部分は、これに真ん中の正方形の4を足して、**37**（cm²）。

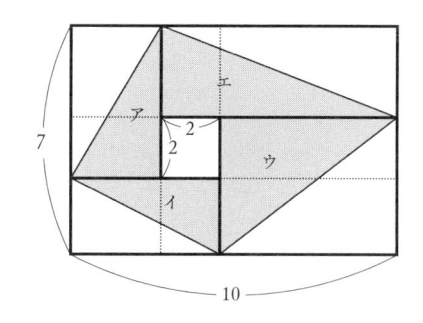

10. 面積の移動

① アの部分を面積が等しいイにはめこむと、色のついた部分は長方形の面積の半分になります。
　　6 × 10 ÷ 2 = **30**（cm²）

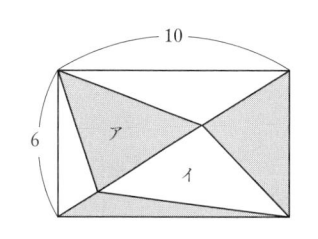

② 等積移動で、色のついた部分アを太線で囲った三角形の左の方に移動し、斜線部分イを太線で囲った三角形の右の方に移動します。
　くっつけると、底辺が 7、高さが 6 の三角形になるので、
　　7 × 6 ÷ 2 = **21**（cm²）

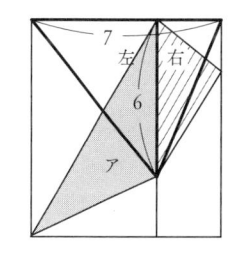

③ 正方形の面積は 38 + 26 で 64 なので、対角線で 2 等分すると、32 と 32 に分けられます。
　だから、各区画にわかる面積を書きこむと、右図のようになります。
　色のついた部分は、このうち斜線部分と同じで、**6**（cm²）。

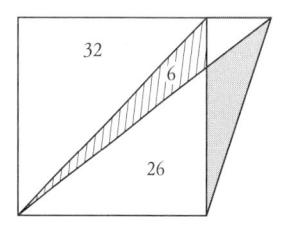

④ 右図の色のついた部分アを斜線部分エに移し、イの部分を太枠部分オに移します。
　すると、はじめのア + イ + ウはエ + オ + ウになりますが、これらはそれぞれ、左上、右下、右上の長方形の面積の半分です。
　そこで、全体から左下の長方形の面積を引いて 2 で割ればいいので、答えは(13 × 12 − 8 × 6) ÷ 2 = **54**（cm²）。
　注：高校で習う三角形の面積公式につながっていく考え方でもあります。

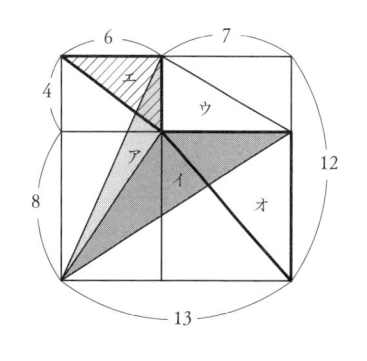

⑤ 等積移動を 2 回行います。
　図 1 で、斜線部分 = 色の部分 = 7
　図 2 で、斜線部分 = 色の部分 = **7**（cm²）

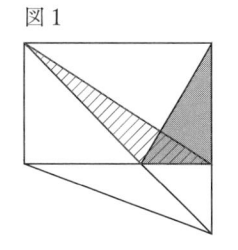

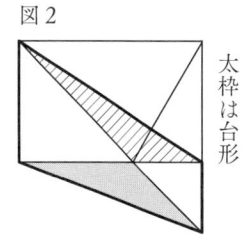

⑥ 右図のように、色のついた部分の正方形を円の中でくるっと回します。
　すると、外の正方形の半分であることがわかるので、
　　8 × 8 ÷ 2 = **32**（cm²）

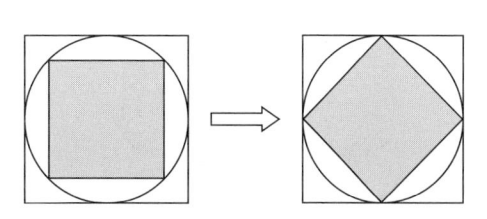

解答　　11. 分配法則の逆

1　実は半径が6cmの円周の長さと等しくなります。
　　ア×3.14÷2＋イ×3.14÷2＋12×3.14÷2
　　＝（ア＋イ＋12）×3.14÷2
　　＝24×3.14÷2＝12×3.14
　　答えは、**12×3.14**（cm）

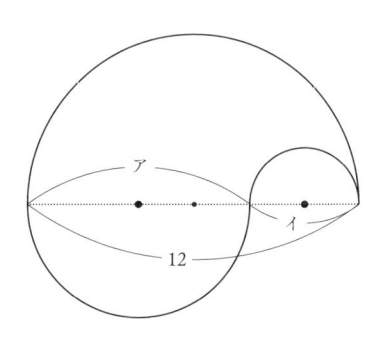

2　太線部分を底辺とする2つの三角形に分けて考えると、
　　4×ア÷2＋4×イ÷2
　となるので、分配の法則の逆を使ってまとめて、
　　4×（ア＋イ）÷2＝4×6÷2＝**12**（cm^2）

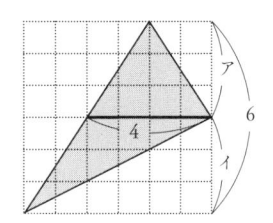

3　太線部分を底辺とする2つの三角形の差と考えます。
　　3×6÷2－3×2÷2＝3×4÷2＝**6**（cm^2）

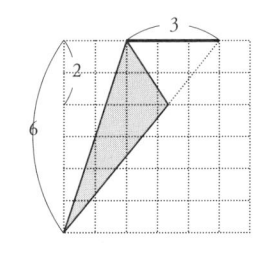

4　下図1のように、円柱から円柱をくりぬいた形になるので、
　　4×4×3.14×5－2×2×3.14×5＝12×3.14×5
　　＝**60×3.14**（cm^3）

5　下図2のように、円すい2つをくっつけた形になるので、
　　4×4×3.14×ア÷3＋4×4×3.14×イ÷3＝4×4×3.14×（ア＋イ）÷3
　　　　　　　　　　　　　　　　　　　　＝4×4×3.14×3＝**48×3.14**（cm^3）

6　下図3のように、円すいから円すいを取り除いた形になるので、
　　6×6×3.14×ア÷3－6×6×3.14×イ÷3
　＝6×6×3.14×（ア－イ）÷3＝6×6×3.14×4÷3＝**48×3.14**（cm^3）
　注：5、6はそれぞれ高さが9、4である円すいの体積を求めるのと同じ。

図1　　　図2 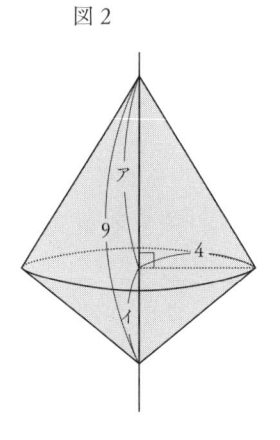　　　図3

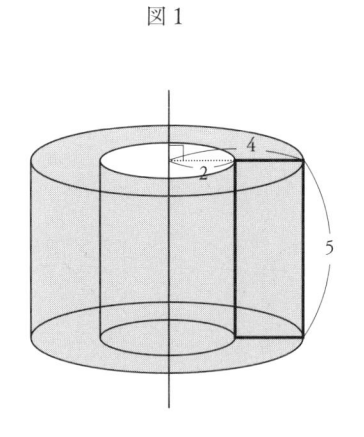

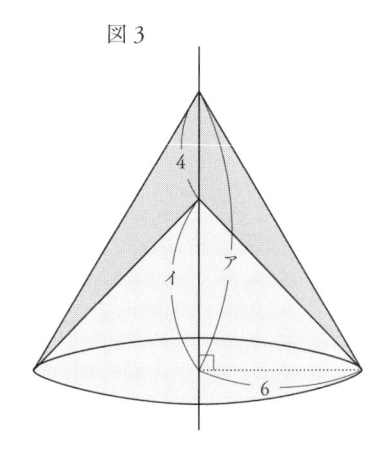

12. 面積の足し引き

1　右図の色のついた部分の三角形と斜線部分の三角形はどちらも長方形の面積の半分。これを素直に足すと、長方形の面積と等しくなりますが、アの部分が重なり、イ＋ウ＋エの部分はどちらの三角形もおおっていません。つまり、ア＝イ＋ウ＋エで、求めたいエの面積は、11－2－3＝**6**（cm²）

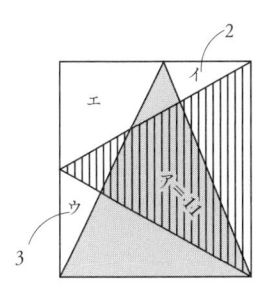

2　右図で、ア＋イ＝イ＋ウ＋エ＝平行四辺形の面積の半分。
そこで、エ＝ア－ウ＝8－3＝**5**（cm²）

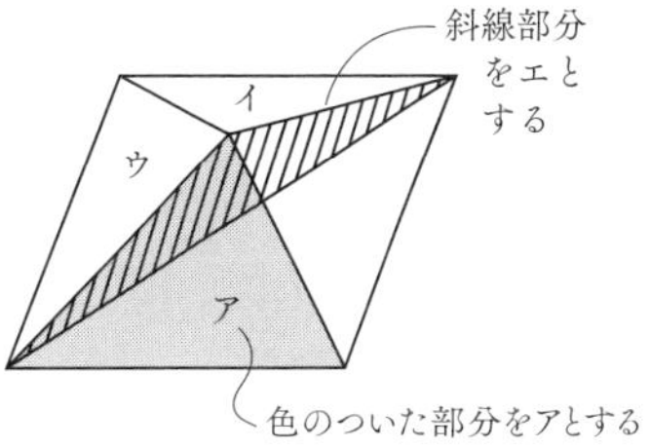

3　重なりの処理がポイントです。

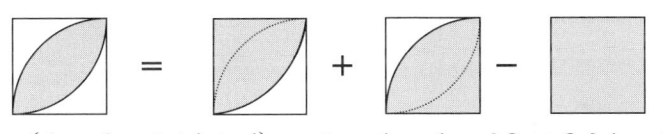

$$= (6 \times 6 \times 3.14 \div 4) \times 2 - 6 \times 6 = \mathbf{18 \times 3.14 - 36} \text{ (cm}^2\text{)}$$

4　実は3と同じと見ることもできますが……

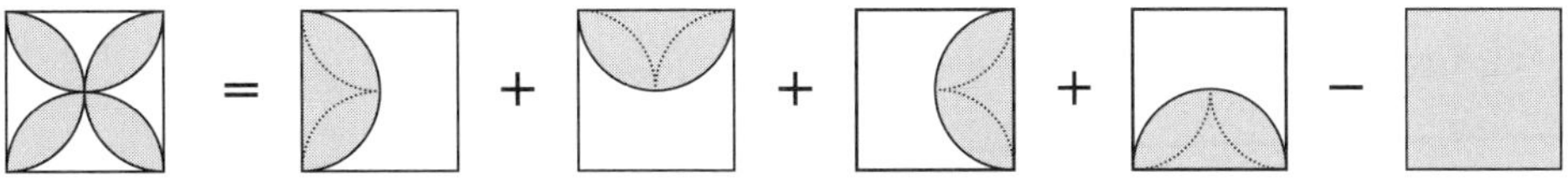

$$= 4 \times (3 \times 3 \times 3.14 \div 2) - 6 \times 6 = \mathbf{18 \times 3.14 - 36} \text{ (cm}^2\text{)}$$

5　図形を足したり引いたりするだけです。

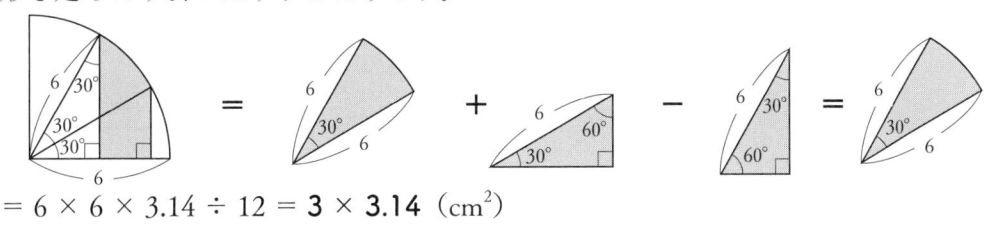

$$= 6 \times 6 \times 3.14 \div 12 = \mathbf{3 \times 3.14} \text{ (cm}^2\text{)}$$

6

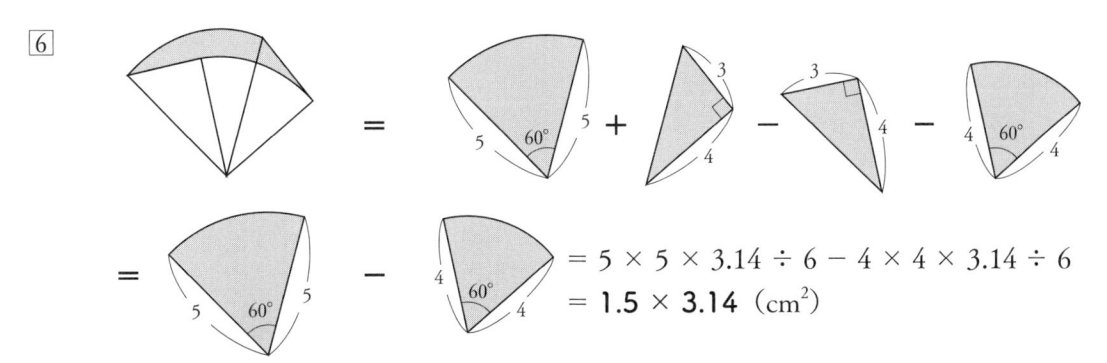

$$= 5 \times 5 \times 3.14 \div 6 - 4 \times 4 \times 3.14 \div 6$$
$$= \mathbf{1.5 \times 3.14} \text{ (cm}^2\text{)}$$

注：3～6では、3.14の計算は、普通に計算するときもすべてあとまわしです。

解答   **13. 角度の移動①**

1　右図1のように なり、**75°**。

図1　23°／23°／52°／52°　錯角　23°+52°で75°

2　右図2のように なり、**85°**。

図2　48°　錯角　48°+37°で85°　37°　錯角　15°　52°-15°で37°

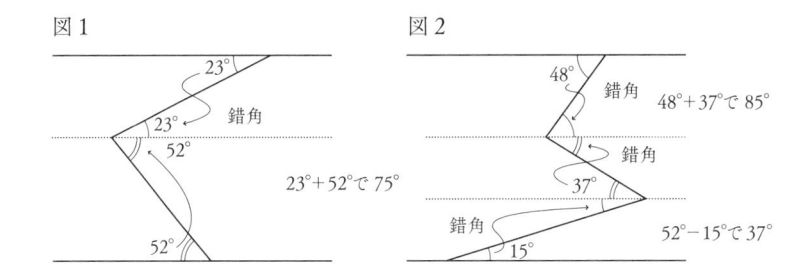

このように、折れた角のところを通る平行線を引くのがコツです。

3　右図3のように なり、**81°**。

図3　45°／45°／54°／54°　51°　75°　180°-(45°+54°)

4　右図4のように なり、**33°**。

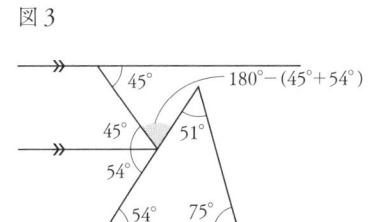

図4　88°　135°　同位角　47°(=135°-88°)　80°　47°　80°-47°=33°

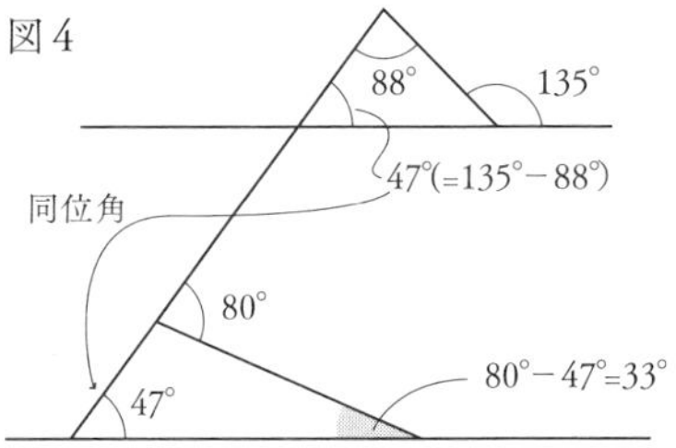

平行な補助線が基本ですが、のばす補助線も覚えたいところです。

5　色のついた角度の和と 25° + 15° + 30° が同じになります （ポイント㊶参照）。答えは**70°**。

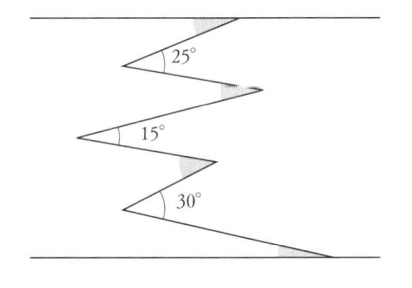

6　右図のように①から⑪まで矢印を移動させていくと、時計回りにア＋イ＋ウ、反時計回りに60°＋35°＋112°回転させたところで、矢印の向きがはじめと同じになります。
これは時計回りにまわった角度の和と、反時計回りにまわった角度の和が同じことを示します。
答えは、60°＋35°＋112°＝**207°**。

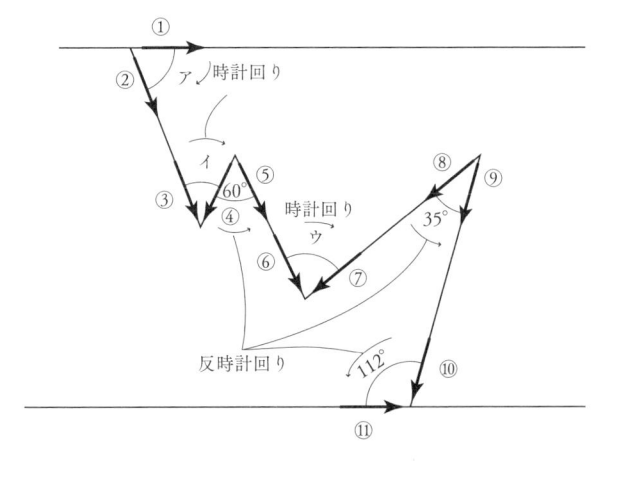

14. 角度の移動②

1　40°＋ア＋イ＝88°
答えは、ア＋イで、88°－40°＝**48°**。

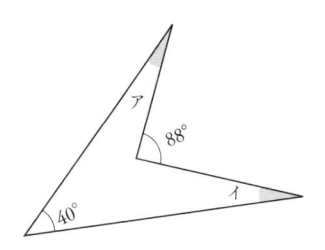

2　ア＋イ＝90°
色のついた角の和は、360°－90°で、
270°。

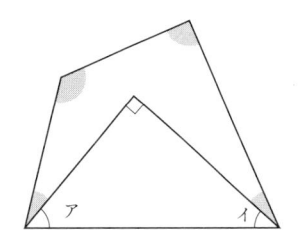

3　線を1本引き、ア＋イをウ＋エに移すと、四角形1個分の内角の和になります。答えは**360°**。

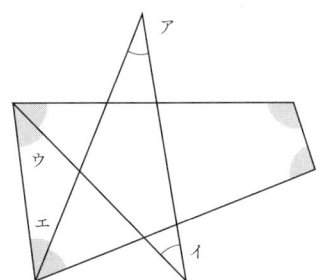

4　線を2本引いて、ア＋イをウ＋エに移すと、四角形1個と六角形1個の内角の和になり、360°＋720°＝**1080°**。

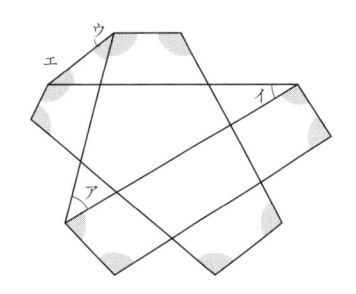

5　ア＋イをウ＋エに移し、ウ、エをそれぞれの対頂角に移すと、三角形1つと、四角形1つの内角の和になります。
　180°＋360°＝**540°**

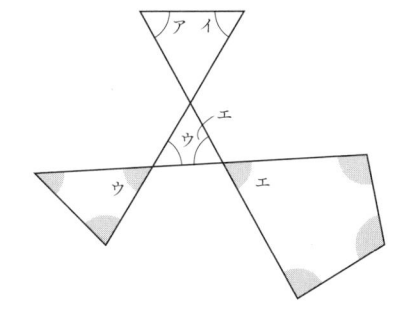

6　線を2本引き、ア＋イをウ＋エに移すと、三角形1個と五角形1個の内角の和になります。
　180°＋540°＝**720°**

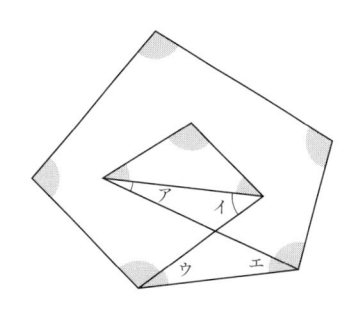

解答　15. 二等辺三角形の発見

1　色のついた部分が二等辺三角形になるので、
ア＝（180°－30°）÷2＝75°。
答えは、90°－75°＝**15°**。

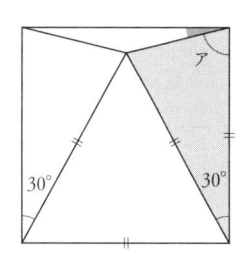

2　色のついた部分が二等辺三角形になるので、ア＝75°。
答えは、180°－75°－60°＝**45°**。

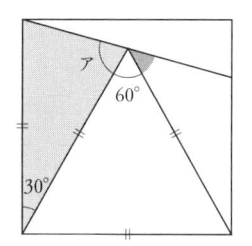

3　下の図で、2×アは90°－ウ
　　　　　　2×イは180°－ウ
となります。そこで、アとイの違いを考えればOK。
答えは**45°**。

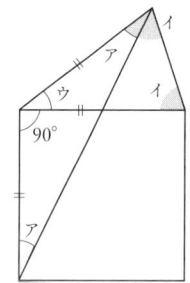

4　下図のように二等辺三角形が2つできるので、
答えは、18°＋48°＋30°＝**96°**。

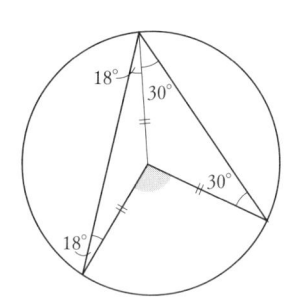

5　下図のように、○印3つは同じ角度（アとイは錯角。ウはイを折り返しで移したところ）。
そこで、太線部分は二等辺三角形であり、答えは（180°－42°）÷2＝**69°**。

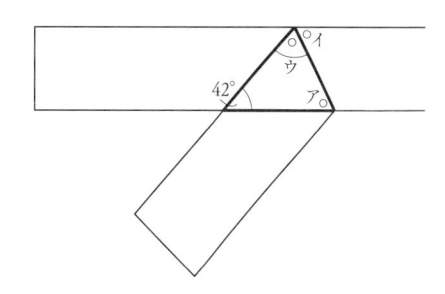

注：テープを折り返すと二等辺三角形ができます。

6　アの角度を主役にして考えます。
イ＝ウ＝90°－アだから、これらを×としてみると、図2で、エとオの角は等しくなります（どちらも62°）。
そこで、ア＝180°－2×62°＝56°となり、答えは90°－56°＝**34°**。

図1

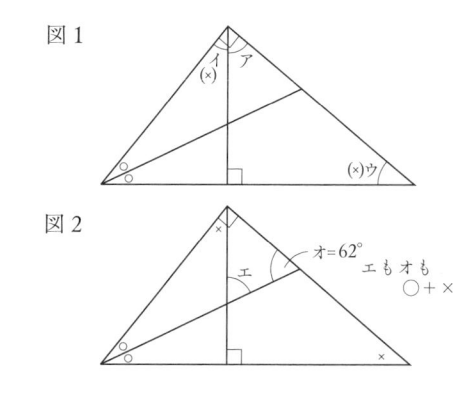

図2　オ＝62°　エもオも ○＋×

16. 角の2等分線が2つある形

① 答えは **90°**。
　○○ + ×× = 180°
　○ + × = 90°
　答えは、180° − (○ + ×) = 90°。

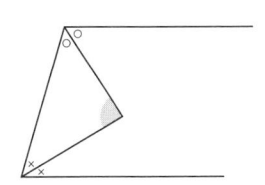

② 答えは **50°**。
　○ + × = 180° − 115° = 65°
　○○ + ×× = 2 × 65° = 130°
　答えは、180° − 130° = 50°。

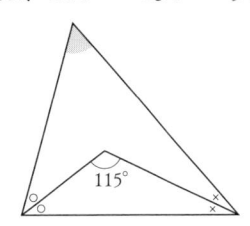

③ 答えは **129°**。
　○○ + ×× = 180° − 78° = 102°
　○ + × = 102° ÷ 2 = 51°
　答えは、180° − 51° = 129°。

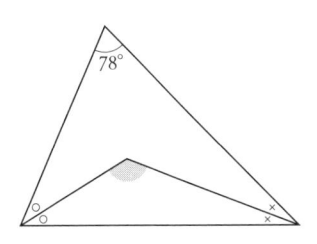

④ 答えは **59°**。
　△ + □ = 180° − 62° = 118°
　○○ + ×× = 180° + 180° − 118° = 242°
　○ + × = 242° ÷ 2 = 121°
　答えは、180° − 121° = 59°。

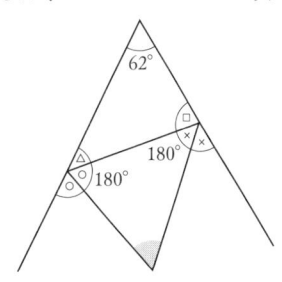

⑤ 答えは **30°**。
　×× − ○○ = 色のついた部分の角度
　× − ○ = 15°
　これらをくらべて、答えは30°。

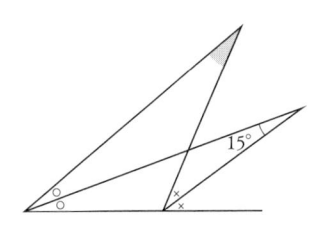

⑥ 答えは **105°**。
　○○ + ×× = 130° − 80° = 50°
　○ + × = 50° ÷ 2 = 25°
　答えは、80° + ○ + × = 105°。

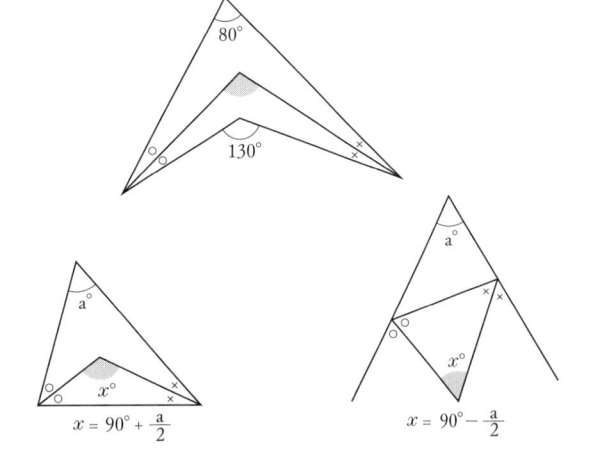

注：右のそれぞれについて次のような公式が成り立ちます。これらは、中学以降、三角形の「五心」を習うとき大切になります。

$x = 90° + \dfrac{a}{2}$

$x = 90° - \dfrac{a}{2}$

解答　17. 線分上の連比①

1　答えは 6：3：7。

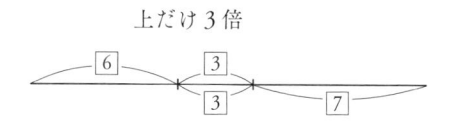

上だけ 3 倍

2　答えは 3：6：16。

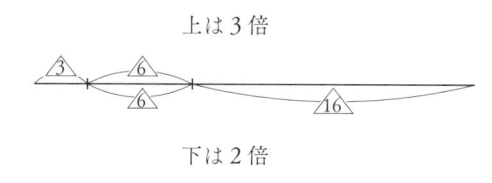

上は 3 倍

下は 2 倍

3　答えは 12：9：14。

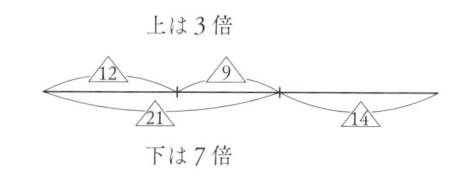

上は 3 倍

下は 7 倍

4　答えは 4：7：3。

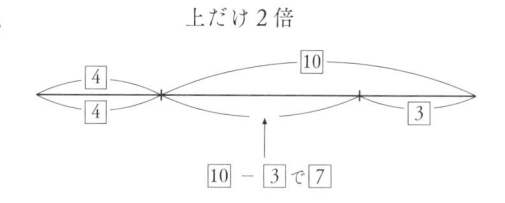

上だけ 2 倍

⑩ − ③ で ⑦

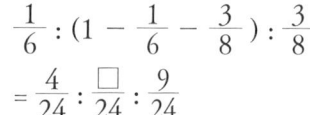

5　答えは 4：11：9。
ポイント㊴より

$$\frac{1}{6} : (1 - \frac{1}{6} - \frac{3}{8}) : \frac{3}{8}$$
$$= \frac{4}{24} : \frac{\square}{24} : \frac{9}{24}$$

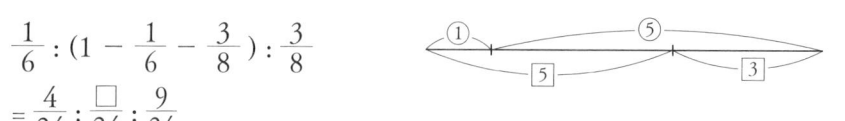

として、4：11：9 を出します。
注：⑥と⑧が同じなので、上を 4 倍、下を 3 倍しても OK。

6　答えは 12：35：16。
⑦と④（⑨−⑤）を同じ比にあわせるため、
上を 4 倍、下を 7 倍します。

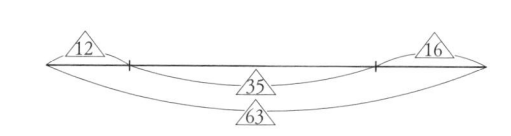

18. 線分上の連比②

[1] 答えは **6cm**。

$$8 \times \frac{3}{4} = 6 \text{ (cm)}$$

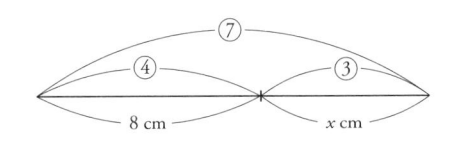

[2] 答えは **12cm**。

① $= 9 \times \frac{2}{3} = 6$ (cm)

$x = ② = 6 \times 2 = 12$ (cm)

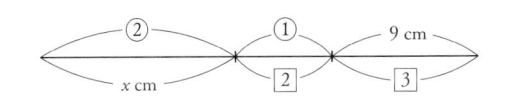

[3] 答えは **18cm**。
上を3倍、下を2倍すると右図のようになります。

$$50 \times \frac{9}{9 + 6 + 10} = 18 \text{ (cm)}$$

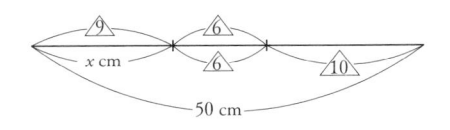

[4] 答えは **27cm**。
下を3倍して上にあわせると、右図のようになります。

$$12 \times \frac{6 + 3}{6 - 2} = 27 \text{ (cm)}$$

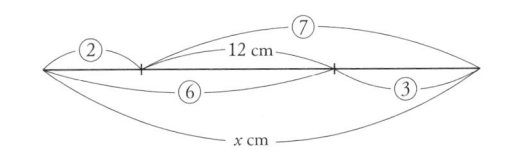

[5] 答えは $\dfrac{70}{9}$ **cm**。

⑩ $= 6 \times \dfrac{10}{3} = 20$ (cm)

⑨ $= 20 - 6 = 14$ (cm)

$x = ⑤ = 14 \times \dfrac{5}{9} = \dfrac{70}{9}$ (cm)

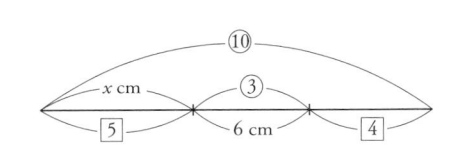

[6] 答えは **4cm**。
上を4倍して下の比にあわせると、右図のようになります。

$x = ④ = 5 \times \dfrac{4}{5} = 4$ (cm)

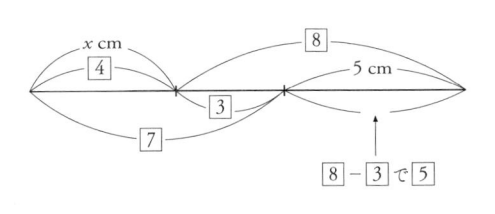

19. 山型相似と×型相似

[1] 答えは $\frac{5}{2}$ cm。

底辺の 6：4 から 3：2 を出し、頭の中で図のように処理します。

最後に $5 \times \frac{1}{2}$ とします。

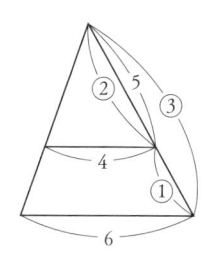

[2] 答えは $\frac{15}{4}$ cm。

やり方は [1] と同様でもよいが、右の図のように、色のついた部分の相似をつくり、$5 \times \frac{3}{4}$ としても OK。

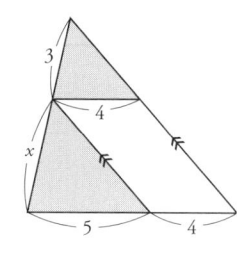

[3] 答えは 12cm。

3 を $\frac{8}{2}$ 倍、つまり 4 倍します。

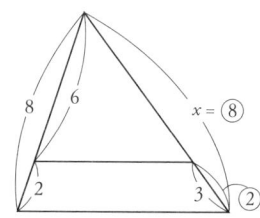

[4] 答えは $\frac{50}{7}$ cm。

相似で右の図のように比を移し、$5 \times \frac{10}{7}$ とします。

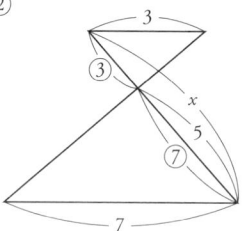

[5] 答えは $\frac{35}{4}$ cm。

これはそのまま、$5 \times \frac{7}{4}$ とします。

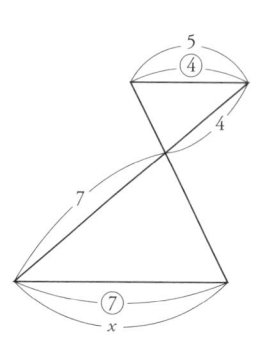

[6] 答えは $\frac{63}{16}$ cm。

まず図1のように太枠部分の相似から、長方形のたてを、$3 \times \frac{7}{4}$ で出します。

次に図2の色のついた部分の相似から、x はこれを $\frac{3}{4}$ 倍したものなので、$3 \times \frac{7}{4} \times \frac{3}{4}$ で、$\frac{63}{16}$ となります。

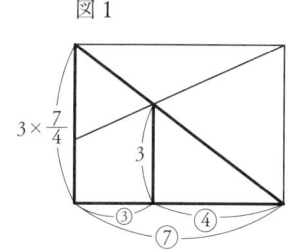

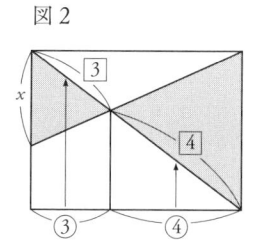

20. 平行線で比を移す

1 答えは $\dfrac{28}{3}$ cm。

   平行線で比を移し、$4 \times \dfrac{7}{3}$ とします。

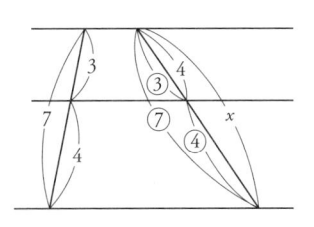

2 答えは $\dfrac{22}{3}$ cm。

   やり方は1に同じ。$11 \times \dfrac{2}{3}$ とします。

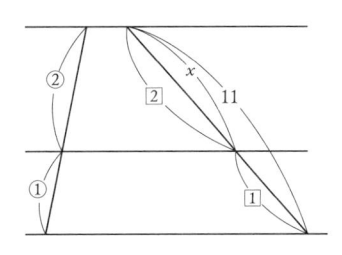

3 答えは $\dfrac{9}{2}$ cm。

   一見わかりにくければ、図の点線部分にも平行線があると思えばいいでしょう。
   ポイント㊻から、ア：イ：ウ＝エ：オ：カとなるので、
   $3 \times \dfrac{3}{2}$ で出します。

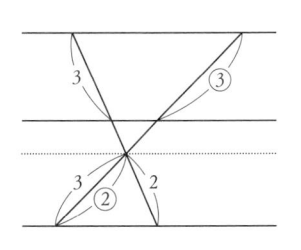

4 答えは $\dfrac{26}{5}$ cm。

   図のように平行線で比を移してから、連比で比を合わせます。
   次に相似で、$8 \times \dfrac{13}{20}$ で出します。

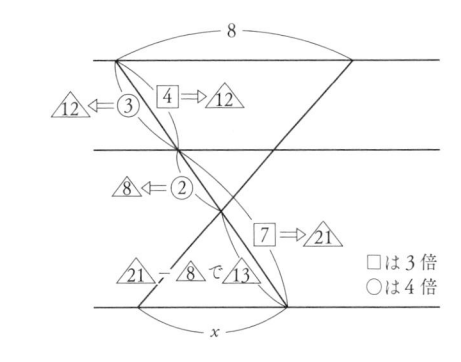

5 答えは $\dfrac{28}{3}$ cm。

   図のように比を移してから、
   $7 \times \dfrac{4}{3}$ で出します。一目で $\dfrac{4}{3}$ 倍と
   見抜けるようにしたいところです。

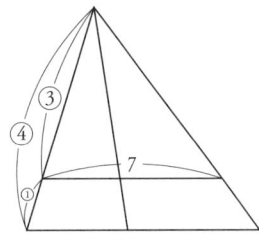

6 答えは $\dfrac{9}{2}$ cm。

   3を $\dfrac{3}{2}$ 倍に、相似拡大します。

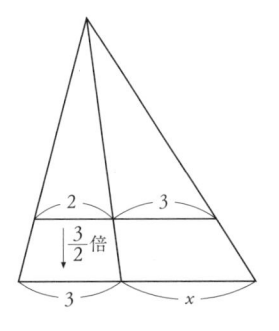

解答　21. 連比と補助線

1　答えは **3：2**。
　図1の色のついた部分の相似から4：1が出ます。あとは図2のように比を合わせます。

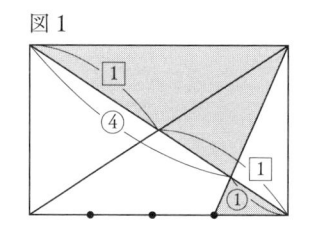

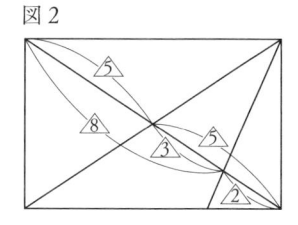

2　答えは **3：2**。
　まず、図1、図2の色のついた部分の相似から部分的な比を出します。次に、図3のように、比を合わせます。

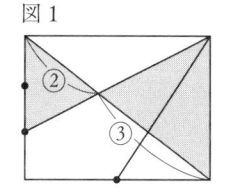

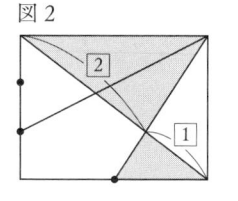

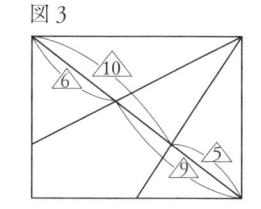

3　答えは **4：1**。
　×型相似2組から部分的に比を出し、最後に比を合わせます。

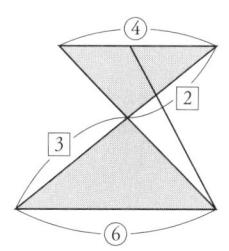

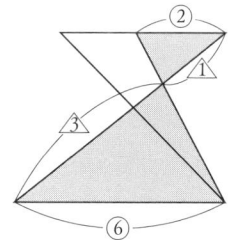

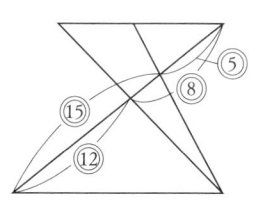

4　答えは **4：1**。
　右図のように補助線を引くと、図1の山型相似で、1.5cmがわかります。図2の×型相似で、6：1.5＝4：1。

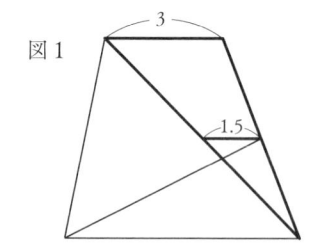

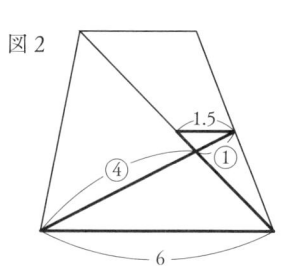

5　答えは **2：7**。
　平行線で比を移し、④を②と②に分けます。
　あとは、太枠部分の相似で比を移すだけで出ます。

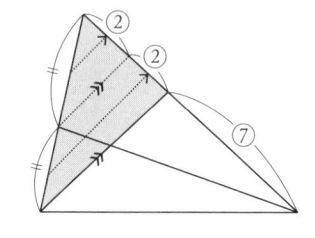

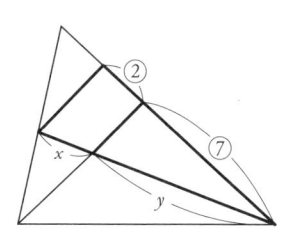

6　答えは **2：3**。
　平行線で比を移し、比をあわせると図1になります。
　あとは、図2の太枠部分の相似で、比を移すだけ。

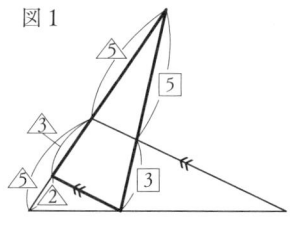

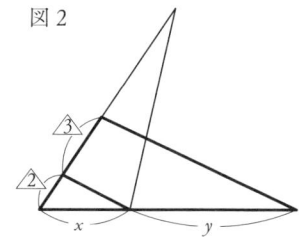

22. 相似の発見①

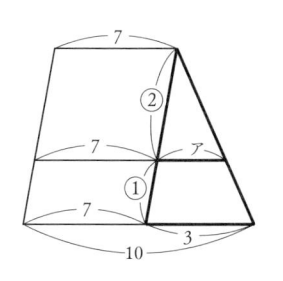

1. 答えは **9cm**。

    右図のように補助線を引いて、太枠部分の相似でアを求めます。

    $3 \times \frac{2}{3}$ で2。7＋2で9。

2. 答えは $\frac{60}{7}$ **cm**。

    1と同様でもよいが、次の補助線も知っておきたいところ。
    右図のように、山型相似2つに分けます。

    アは $8 \times \frac{5}{7}$、イは $10 \times \frac{2}{7}$。この2つを足せばOK。

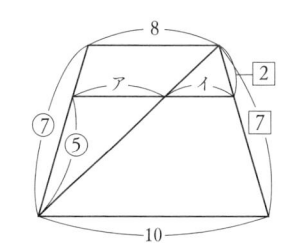

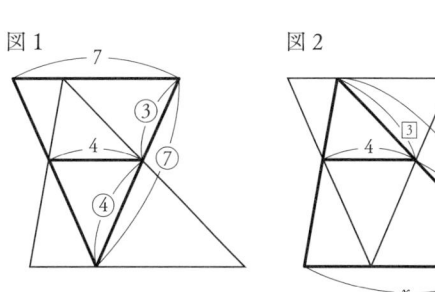

3. 答えは **2cm**。

    図1の色のついた部分の相似から、1：2を出します。あとは図2の太枠部分の相似で、$6 \times \frac{1}{3}$ で2。

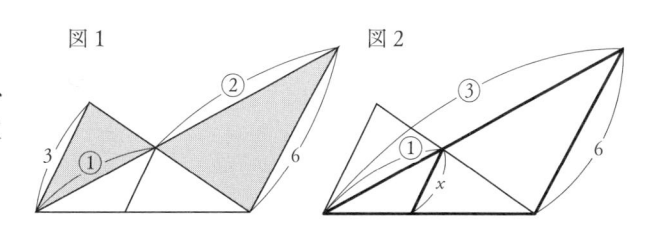

4. 答えは **4cm**。

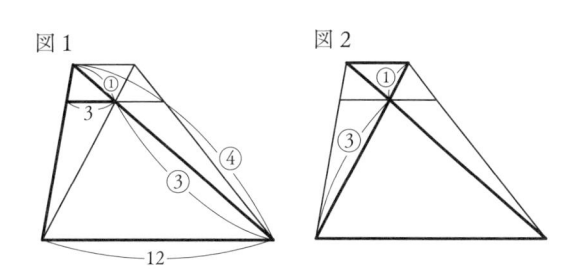

    図1の山型相似から、4：1を出します。
    あとは、図2の×型相似から、
    $12 \times \frac{1}{3}$ で4。

5. 答えは $\frac{24}{7}$ **cm**。

    この直角三角形は、直角をはさむ辺の長さの比が3：4。
    そこで、③、④を頭の中で図に記入します。

    あとは、$8 \times \frac{3}{7}$ で、$\frac{24}{7}$ が出ます。

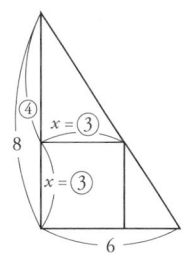

6. 答えは $\frac{28}{3}$ **cm**。

    図1の山型相似から、頭の中の図に、④、⑦を書きこみます。
    図2の山型相似より、

    $4 \times \frac{7}{3}$ で、$\frac{28}{3}$。

解答 　　23. 相似の発見②

1　答えは **9cm**。
　やり方は、ポイント㊿-③を参照のこと。
　　$6 \times 6 \div 3 = 12$　でアが出ます。あとは、$12 - 3$で9。

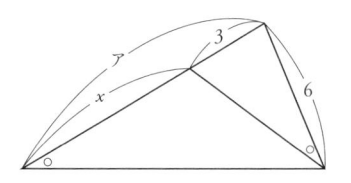

2　答えは $\dfrac{32}{7}$ **cm**。
　やり方は、ポイント㊿-④を参照。
　　$8 \times 4 \div 7$で、$\dfrac{32}{7}$。

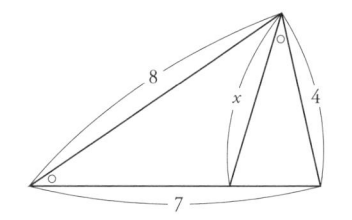

3　答えは $\dfrac{15}{2}$ **cm**。
　アを$6 \times 6 \div 4 = 9$と出します。
　すると、右図のようになるので、
　2と同様なやり方で、
　　$9 \times 5 \div 6$で、$\dfrac{15}{2}$。

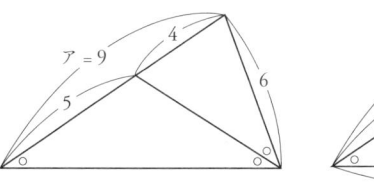

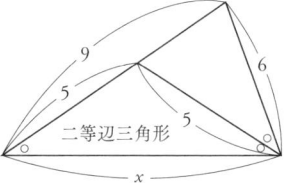

4　答えは **14cm**。
　色のついた部分と太枠部分が、「裏返しの相似」に
　なっています。アは$6 \times 12 \div 4$で、18。
　答えは、$18 - 4$で、14。

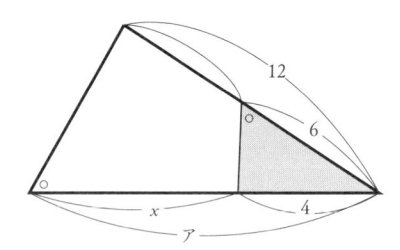

5　答えは **6cm**。
　左の三角形と右の三角形が相似で、
　直角をはさむ辺の比を考えると、$3:4$になっています。
　そこで、8の$\dfrac{3}{4}$倍で6cm。
　注：慣れてきたら、ポイント㊿のように、
　　　$3 \times 8 \div 4$で出してもかまいません。

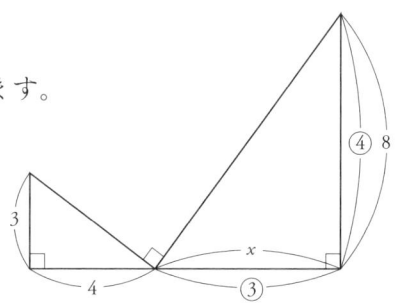

6　答えは $\dfrac{8}{3}$ **cm**。
　折り返す前の元の長方形を復元すると、右図のように
　なります。色のついた部分に例の形が現れているので、
　　$8 \times 2 \div 6$で、$\dfrac{8}{3}$。

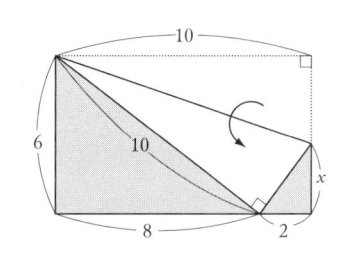

24. 直角三角形と相似

① 答えは 5cm。
色のついた部分と太枠の三角形が裏返しの相似になっています。$6×6÷4$ でアを9と求め、$9-4$ で5と出ます。
ポイント⑦-③を参照のこと。

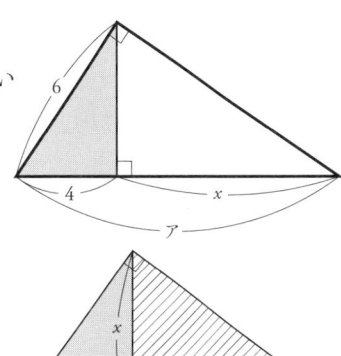

② 答えは 6cm。
色のついた部分と斜線部分の三角形が相似になっています。直角をはさむ $4:x$ と $x:9$ が等しいことから、$4×9=6×6$ として出します。
ポイント⑦-④を参照のこと。

③ 答えは $\dfrac{24}{5}$ cm。
$10×x$ と $6×8$ はどちらも三角形の面積の2倍。
だから、$6×8÷10$ で、$\dfrac{24}{5}$ と出します。

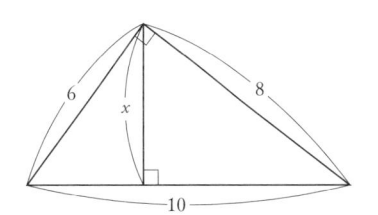

④ 答えは $\dfrac{16}{3}$ cm。
ポイントは②と同じ。
$4×\dfrac{4}{3}$ で出しても OK（分数倍が基本）。

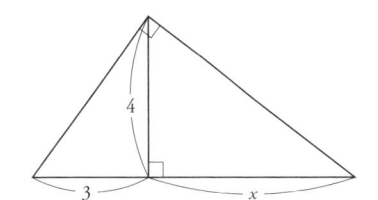

⑤ 答えは $\dfrac{27}{10}$ cm。
図1の色のついた部分の三角形で、3辺の比が $3:4:5$（太枠部分と相似）だから、
ア$=6×\dfrac{3}{5}$。
次に図2の色のついた部分の三角形で、やはり3辺が $3:4:5$ だから、$x=$ア$×\dfrac{3}{4}$。
まとめれば、$6×\dfrac{3}{5}×\dfrac{3}{4}$ で、$\dfrac{27}{10}$。

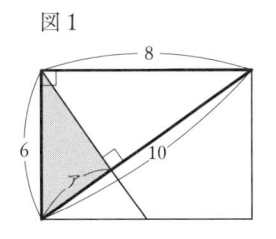

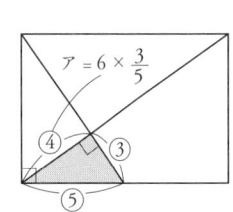

⑥ 答えは 6cm。
図には合同や相似の図形がたくさんあることに気づき、わかった長さを右のように記入します。あとは、色のついた部分と斜線部分が②、④と同じタイプの相似なので、$4×\dfrac{4}{8}$ で、アが2cm。$4+2$ で 6cm が答え。

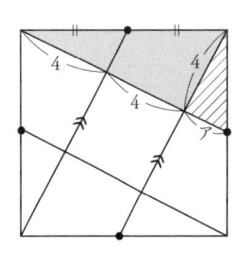

解答　25. 特別な図形と対称性

1　答えは **5cm**。
直角三角形の斜辺の中点から 3 つの頂点までの距離は同じ（→ポイント(73)）。
10 の半分で 5cm。

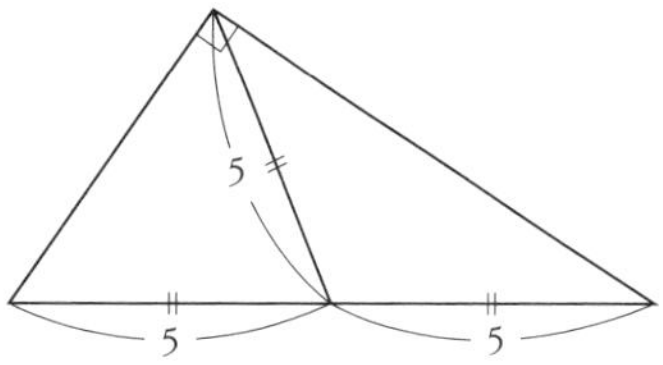

2　答えは **9cm²**。
太枠部分アを、それと合同な斜線部分イに移すと、左側の正方形の 4 分の 1 になるので、6 × 6 ÷ 4 で 9。

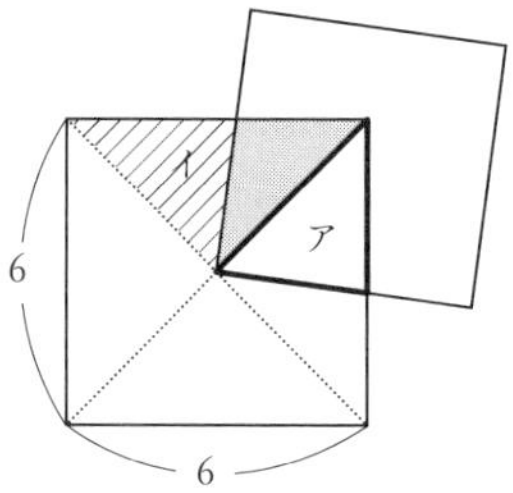

3　答えは **9cm**。
5 + 7 + 9 は正三角形の周の長さの半分（→ポイント(74)）。
周の長さは 42cm。
一辺の長さは、42 ÷ 3 で、14cm。
あとは、14 − 5 で 9。

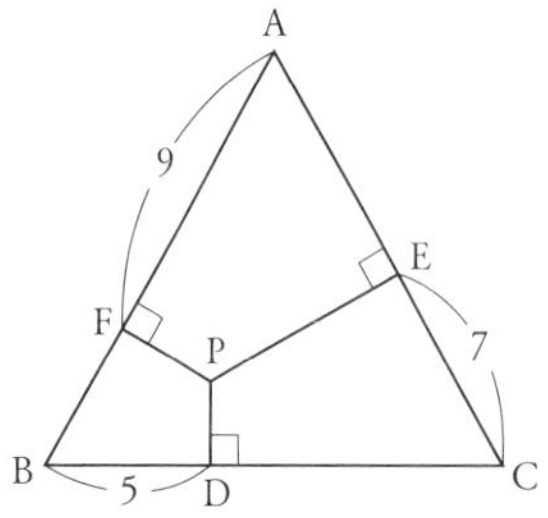

4　答えは **10cm**。
2 + 2 + 6 で、10cm と出ます（→ポイント(75)）。

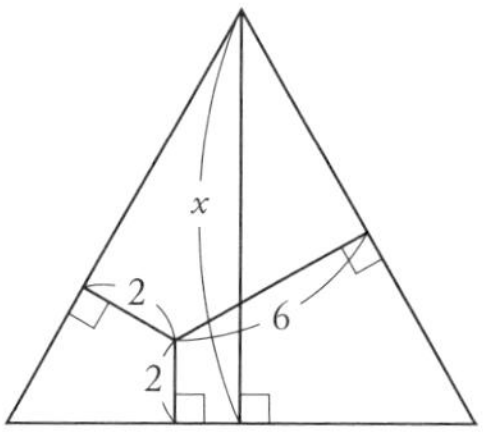

5　答えは **28°**。
図のように角度を移すと、イとウは対角線で折り返すと重なるので等しい。
あとは色のついた部分の三角形で考えます。
180° − 31° − 90° − 31° で 28°。

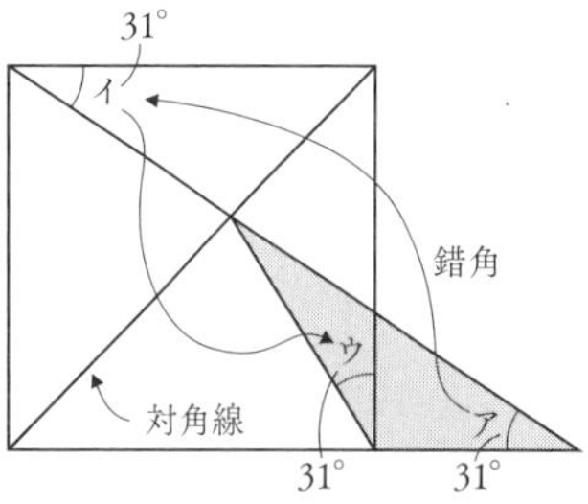

6　答えは **7cm**。
平行四辺形の点対称の中心は対角線の交点。
x と 2 の平均は太線部分。
5 と 4 の平均も太線部分。
だから、x は 5 + 4 − 2 で 7。

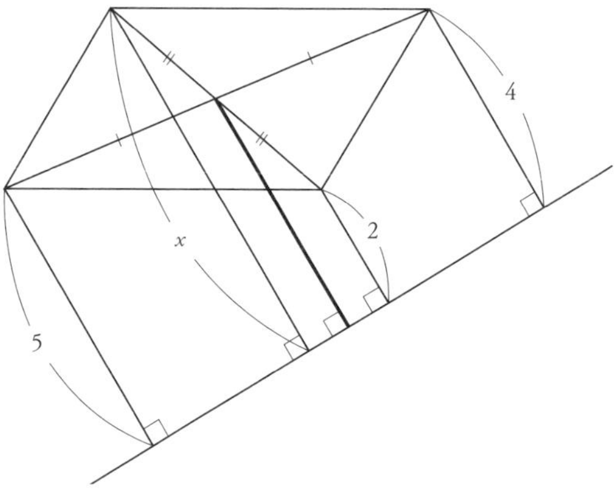

26. 線分比と面積比①

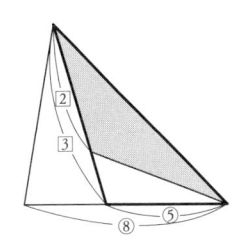

1. 答えは $\dfrac{5}{12}$。

   全体の $\dfrac{5}{8}$ が太枠部分。太枠部分の $\dfrac{2}{3}$ が色のついた部分。そこで、$\dfrac{5}{8}$ の $\dfrac{2}{3}$ となり、$\dfrac{5}{12}$。

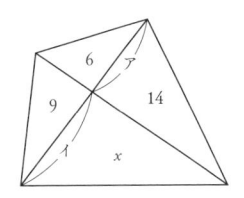

2. 答えは 21cm²。

   ア：イは 6：9 で、これは 2：3 に等しい。

   そこで、$14 \times \dfrac{3}{2}$ で 21。

   注：実は色のついた部分の面積を x とすると、
   $9 \times 14 = 6 \times x$ となっています（ポイント⑱）。

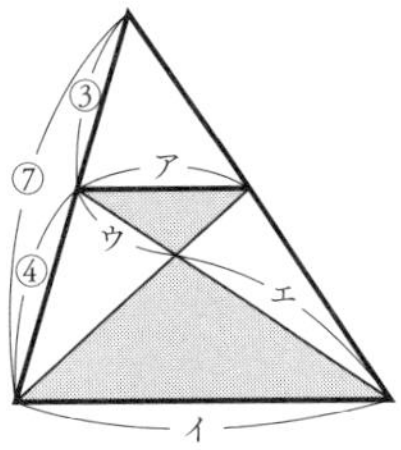

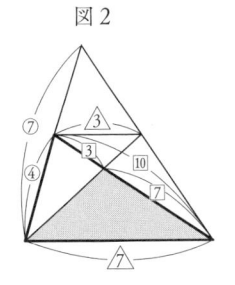

3. 答えは $\dfrac{2}{5}$。

   まず、図1で太枠部分の山型相似から、
   ア：イ＝3：7 を見抜きます。
   次に、色のついた部分の×型相似から
   ウ：エ＝3：7。あとは 1 の要領と同じ。

   右図2で、全体の $\dfrac{4}{7}$（太枠部分）の $\dfrac{7}{10}$ だから、$\dfrac{2}{5}$。

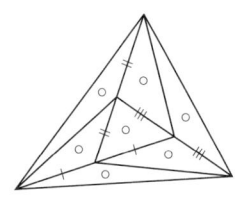

4. 答えは $\dfrac{1}{7}$。

   右図のように分けると、分けられた7つの区画の面積はどれも同じになります。

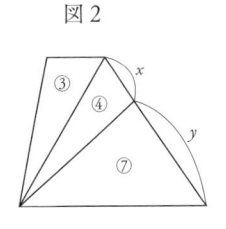

5. 答えは 4：7。

   図1で、2つの区画の面積比は 3：11。
   そこで、2等分すると、図2のようになり、4：7 がわかります。

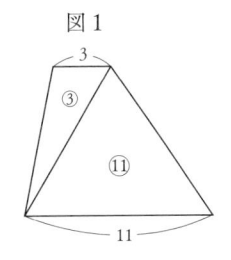

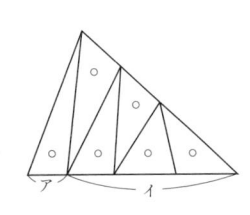

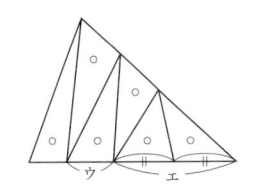

6. 答えは 8：15。

   図1で、ア：イ＝1：5
   図2で、ウ：エ＝1：3
   この2つの比をあわせ、ア：エは 4：15。
   y はエの半分だから、8：15。

解答

27. 線分比と面積比②

1　答えは$\frac{15}{64}$。

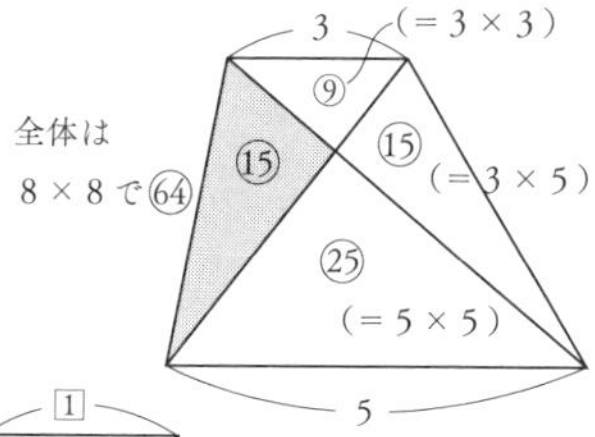

頭の中で右の図のように書きこみます。
ポイント㊳を参照。

2　答えは$\frac{5}{12}$。

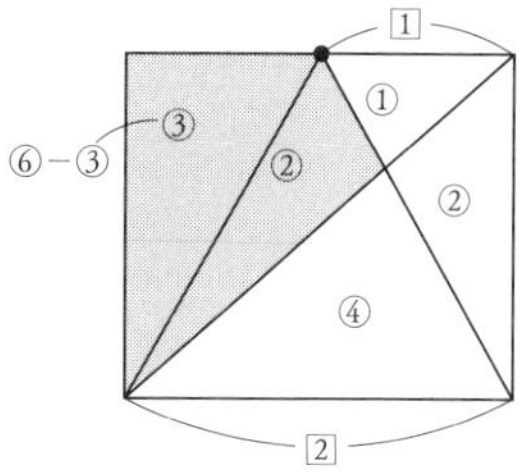

頭の中で右の図のように書きこみます。
長方形の半分が⑥だから、長方形全体は⑫。

3　答えは$\frac{7}{27}$。

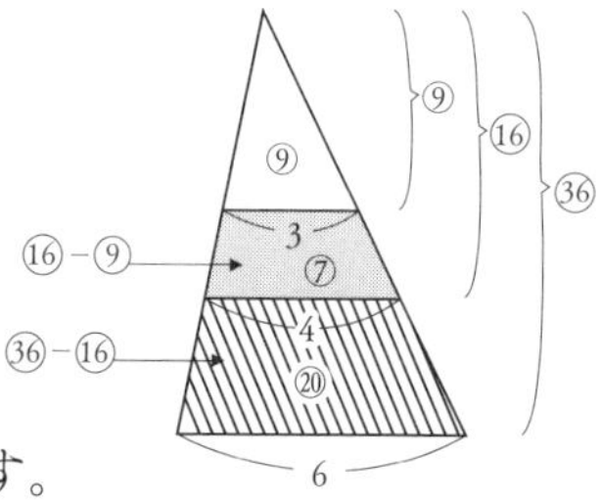

右図には、3つの相似（山型相似）があります。
大きい順に記すと、相似比は6：4：3。
だから、面積の比は、6×6：4×4：3×3で、
36：16：9。そこで、$\frac{16-9}{36-9}$となり、計算して$\frac{7}{27}$となります。

4　答えは$\frac{12}{37}$。

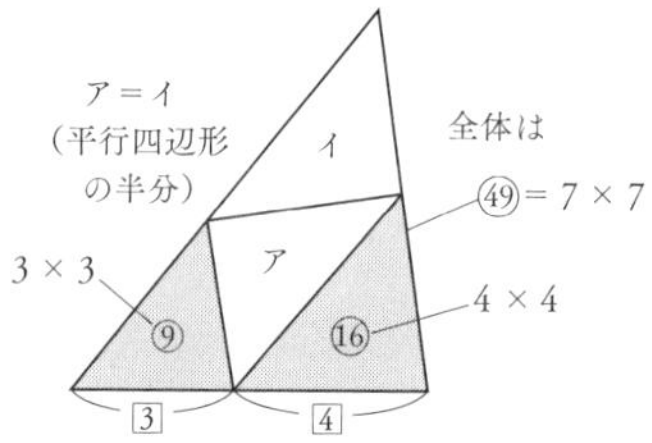

右図で、左の色のついた部分の三角形と右の色の部分の三角形と全体の三角形は相似で、相似比は3：4：7。
そこで面積比は、右図のように、9：16：49。
アの部分は、(49－9－16)÷2で、12。
答えは、$\frac{12}{9+12+16}$で$\frac{12}{37}$。
注：実は、問題の図で3つの区画の面積比は3×3：3×4：4×4となっています。

5　答えは$\frac{5}{12}$。

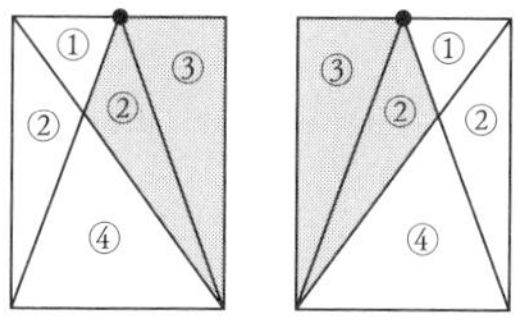

実は、2を2つくっつけた形にすぎません。

6　答えは$\frac{1}{2}$。

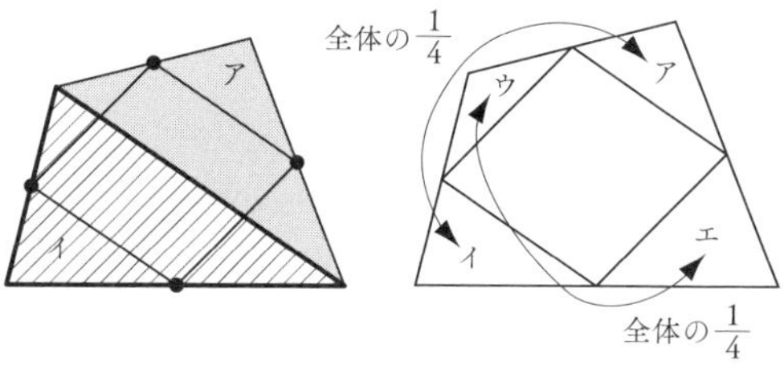

アは色のついた部分の$\frac{1}{4}$。イは斜線部分の$\frac{1}{4}$。2つあわせて四角形全体の$\frac{1}{4}$。
同様に、ウとエをあわせても全体の$\frac{1}{4}$なので、全体1からこれらを引いて、$\frac{1}{2}$。

28. 線分比と面積比③

1　答えは $\frac{11}{20}$。

ポイント㉟を参照。
ア：全体 $= 3 \times 3 : 5 \times 4 = 9 : 20$
そこで図に書きこんだようになります。

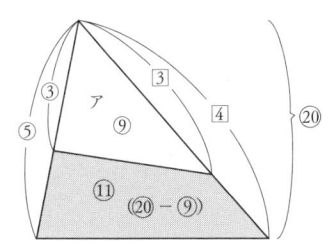

2　答えは $\frac{1}{3}$。

下図の色のついた部分は、
全体の $\frac{1 \times 2}{3 \times 3}$ で、$\frac{2}{9}$。

これを3つ分、全体から引きます。

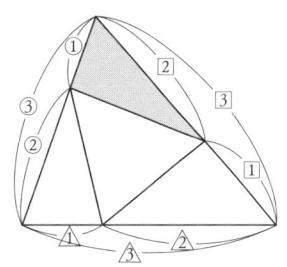

3　答えは $\frac{29}{56}$。

頭の中で、三角形や台形の面積の2倍を下図のように書きこみます。
面積は本当の値ではなくて比ですが、それがわかっていればOK。

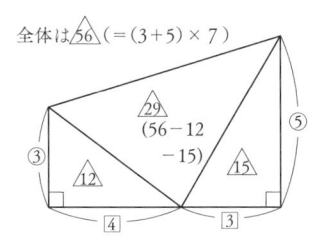

4　答えは $\frac{6}{25}$。

全体と色のついた部分の三角形の底辺は5：2、高さは5：3。この2つをかければOK。

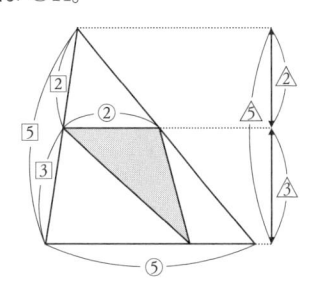

5　答えは $11 : 7$。

ポイント㊳を参照。
下図で、面積の比は、
　ア：イ $= x : y$
　ウ：エ $= x : y$
2つあわせて、
　ア＋ウ：イ＋エ $= x : y$
だから、$x : y$ は $10 \times 11 : 5 \times 14$。
つまり、$11 : 7$。

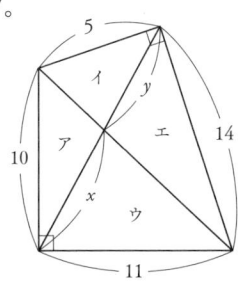

6　答えは $1 : 2$。

ポイント㊳を参照。
$x : y$ は、図の色のついた部分：斜線部分の面積比に等しい。
灰色の部分、斜線部分の全体に対する割合を70ページの1の要領で出します。

灰色の部分……$\frac{2}{7}$ の $\frac{5}{8}$

斜線部分………$\frac{5}{7}$ の $\frac{1}{2}$

この2つの比を
考えて、$1 : 2$。

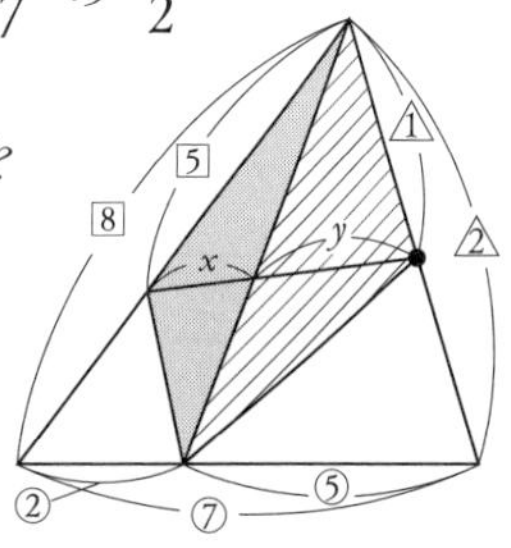

解答　29. 合同と移動

1　答えは **8cm**。
下図の2つの三角形の合同を見抜くこと。
注：別解もいろいろあるので、上級者は研究してみてください。

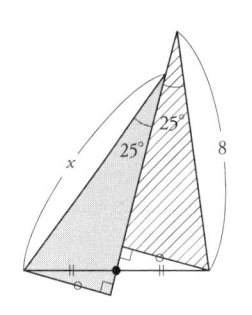

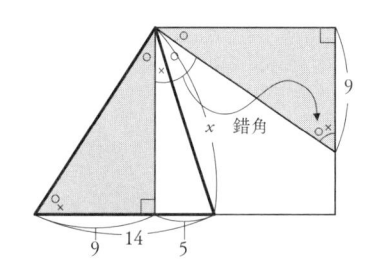

2　答えは **5cm**。
下図のように色のついた部分を移動すると、太枠部分どうしが合同になります。

3　答えは **5cm**。
線を1本引くと、色のついた部分どうし、斜線部分どうしが合同になります。

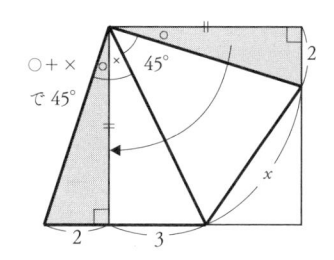

4　答えは **2cm**。
色のついた部分と斜線部分の三角形が合同であることを見抜けましたか？

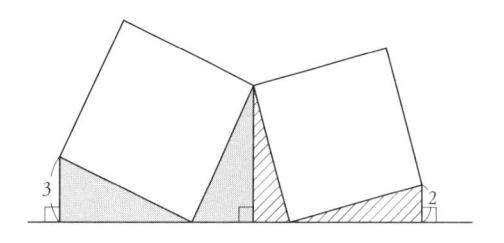

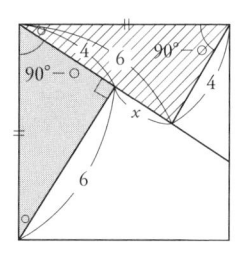

5　答えは **14cm**。
2と同じように、色のついた部分を移動して正方形の左にくっつけます。
すると、下図に書きこんだ角度からわかるように、太枠部分が二等辺三角形になります。

6　答えは **8cm**。
下図の太枠部分のように、2つの合同な平行四辺形をつくります。
x は長いほうの対角線の長さで、4cm の2倍。

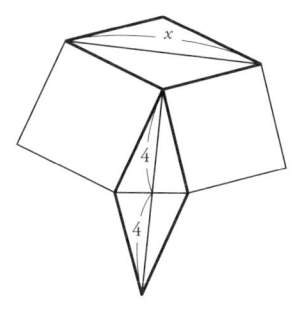

注：灰色の部分どうしの面積が等しいのも、大切なポイントです。

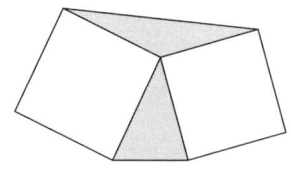

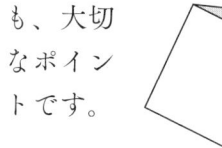

30. 30°、60°、45°をテーマとした問題

1 答えは **30cm²**。
下図のように、正三角形の半分の三角定規の形をつくればOK。
12 × 5 ÷ 2 で 30。

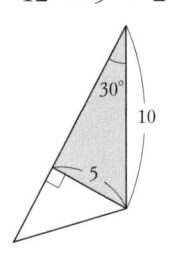

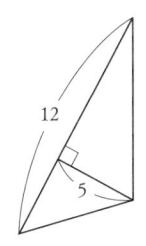

2 答えは **108cm²**。
下図のように、頂角30°の二等辺三角形が12個集まった形と考えます。
1つ分は、6 × 3 ÷ 2 で 9。
これが12個で、12 × 9 = 108。

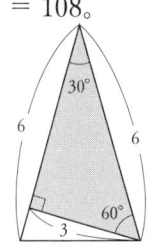

3 答えは **18cm²**。
下図1の色のついた部分の正三角形の面積を斜線部分に移動して考えます。
すると、図2の長方形の面積を求めればよいことになりますが、これは**2**の二等辺三角形の2倍。

図1

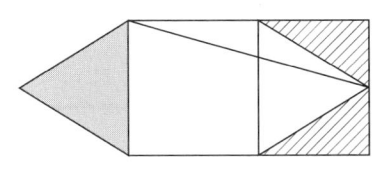

図2

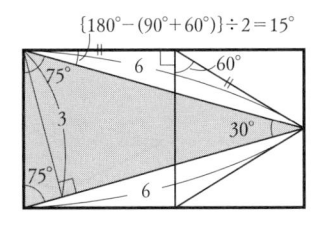

4 答えは **30°**。
下図1のように、補助線を頭の中で引いて考えます。
色のついた部分が正三角形の半分の三角定規の形になります。
あとは図2のように角度計算。
(180° − 30°) ÷ 2 = 75° でアが出るので、75° − 45° = 30° が答え。

図1

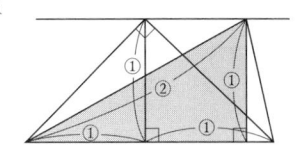

図2

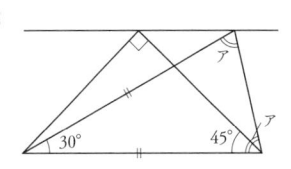

5 答えは **45°**。
下図のように、角度を移動して考えます。
太枠部分の三角形は直角二等辺三角形になっているので、45°。

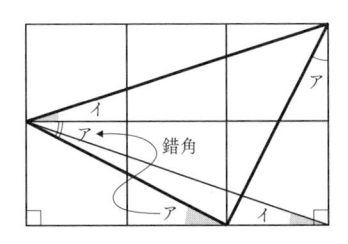

6 答えは **45°**。
これは難問。色のついた部分どうしが相似になっています（45°をはさむ辺について、ア：イ、ウ：エがともに、正方形の1辺の長さ：対角線の長さ）。
そこで、図の角度で○＝×。
あとは、太枠の三角形の内角を比べればOK。

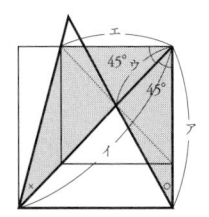

中学受験をお考えの方におすすめ！
ディスカヴァーの教育関連書

勉強が好きな子に育つ
合格力コーチング
江藤真規

1,575 円

二人の娘を東大（理III、文III）に現役合格させた母親によるベストセラー『勉強ができる子の育て方』、待望の続編。受験を控えたお子さんを持つすべてのご両親、必読の内容です。

塾不要
親子で挑んだ公立中高一貫校受験
鈴木 亮

1,050 円

九段中等教育学校に長男と次男を続けて合格させた日本経済新聞記者が、どのように入試に備えたかについて、入試問題の分析や使用した参考書や問題集名をまじえて語ります。

親子で受かる！
中学受験手帳
田中 貴

1,575 円

中学受験指導の第一人者"ゴリラ先生"のノウハウを盛り込んだ手帳です。スケジュール帳と勉強コラムのほか、学習内容チェックシート、学校情報シートなどの巻末資料も充実。

親子で受かる！
［中学受験］まいにち目標達成ノート
田中 貴

1,512 円

「ゴリラ先生」が教える、試験本番までの学習計画の立て方と勉強法。お子さんが自ら書き込んでいくことで、計画的に勉強できるようになるノートです。

表示の価格はすべて税込みです。
書店にない場合は、小社サイト（http://www.d21.co.jp）やオンライン書店（アマゾン、ブックサービス、bk1、楽天ブックス、セブンアンドワイ）へどうぞ。お電話や挟み込みの愛読者カードでもご注文になれます。 ☎ 03-3237-8321（代表）